纺织服装高等教育"十二五"部委级规划教材

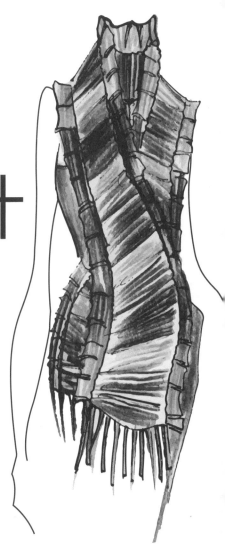

针织服装设计

Knitwear Design

王勇 编著

东华大学出版社·上海

图书在版编目(CIP)数据

针织服装设计/王勇编著.--2版--上海：东华大学出版社,2015.8
ISBN 978-7-5669-0858-2
Ⅰ.①针... Ⅱ.①王... Ⅲ.①针织物-服装设计-高等学校-教材 Ⅳ.①TS186.3
中国版本图书馆CIP数据核字（2015）第168808号

责任编辑：谭　英
封面设计：陈良燕
版式设计：J. H.

针织服装设计

王　勇　编著

东华大学出版社出版
上海市延安西路1882号
邮政编码：200051 电话：（021）62193056
出版社网址　http://www.dhupress.net
天猫旗舰店　http://www.dhdx.tmall.com
苏州望电印刷有限公司印刷
开本：787mm×1092mm　1/16　印张：8.5 字数：220千字
2015年8月第2版　2015年8月第1次印刷
ISBN 978-7-5669-0858-2/TS·629
定价：31.00元

序

　　人们的生活方式伴随着时代的发展而不断变化着。针织服装因穿起来自由、舒适、随意而日益受到消费者的喜爱，因而它也具有更广阔的发展前景。随着针织服装不断从内衣向时装化外衣方向发展，它也逐渐登入了高级时装的大雅之堂。

　　在这种背景下，为满足市场发展的需要，大连工业大学服装学院早在2001年就开设了针织服装设计课程，培养专业的针织服装设计人才，以改善针织服装行业设计人才短缺的局面。

　　本书《针织服装设计》为大连工业大学服装学院针织服装设计课程组教师多年教学经验的积累和总结。在教学中，教师们重视学生的创新设计与实践能力的培养，不断优化知识结构，提高各学科间的知识融合、交叉、渗透，营造复合型人才的培养环境，培养出了大批高质量、高素质的时尚创意产业人才。

　　本书注重理论联系实际，创意时尚与实用相结合，并结合大量图例进行说明，比较完整地介绍了国内外针织服装业的发展、针织服装的分类、针织服装的设计特点、针织服装设计原理、针织服装工艺设计等内容，对于有志于从事针织服装设计的读者是一本不可多得的专业书籍。

　　希望这本书能够带给针织服装设计同仁们以思考，并希望针织服装设计课程组教师能够再接再励，与时俱进，不断取得新的成果！

大连工业大学服装学院 院长/教授

前言

本书由大连工业大学服装学院针织服装设计课程组教师集体编写。《针织服装设计》课程是我校的精品课程，参与编写该书的教师符合高校设计专业"双师"（教师、设计师）的要求。他们不仅具有理论基础，同时还有在企业工作的丰富经验。

王勇负责全书编写提纲的策划以及内容的修订和整理；第一章针织服装概述由王伟珍执笔；第二章针织服装分类由王适执笔；第三章针织服装设计原理由孙林和王勇执笔，其中孙林负责理论部分的内容编写，王勇负责图例及设计讲评；第四章针织服装部件设计由王勇执笔；第五章针织服装工艺设计由王军执笔；附录系列针织服装设计作品由王勇负责整理和讲评。

本书内容丰富、图文并茂、突出重点和难点，注重系统性和科学性，既重视学生对针织服装设计基础知识的掌握，同时又注重学生的创意能力的培养，以便于日后参加设计大赛以及在实际的设计工作中有更高的提升空间。本书选用了大量优秀的学生作业以及毕业设计作品作为实例进行示范说明，以便于读者能够更加生动形象地理解针织服装设计的特点和方法。本书既可作为高等服装院校专业教材，也可作为高等服装职业技术院校教材，同时可供广大针织服装设计爱好者学习和参考。

在本书的编写过程中，编著者参考和引用了国内外的大量文献资料以及我校学生的课程作业和毕业设计作品，谨此一并表示感谢。鉴于编著者的学识有限，书中难免有遗漏、不足之处，恳请专家同行批评指正。

王 勇

目录
content

Chapter 1

第一章 针织服装概述

【本章学习重点】

- 针织服装的概念
- 国际著名针织服装品牌
- 针织物与梭织物的区别
- 针织服装设计发展趋势

第一节 针织服装发展概述

一、针织服装的概念

　　按服装材料的织造方式区分，服装可分为针织服装和梭织服装两大类别。用针织面料制作或用针织方法直接编织成形的服装统称为针织服装。针织是由棒针进行手工编织发展而来，是利用织针将纱线弯曲成线圈并相互串套连接而形成织物的一门工艺方法。单面平针组织，俗称正反针，是最常见的针织组织，由于其具有易加工的特点而在针织装中被广泛运用。

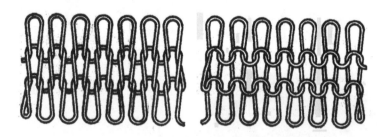

图1-1-1　单面平针组织正、反面线圈图成针原理

二、针织服装及其产业的产生

　　公元前5000年左右就出现了编织品。1589年，英国神学院的一名学生威廉·李因他的妻子从事手工编织活动而激起他对针织机械的研究，从而发明了世界上第一台手动缝制袜子的机器——手工针织机，用于手动编织毛线袜片。这项发明惊动了英国皇室，引起了皇室的高度重视，其甚至下令若有人胆敢私自将编织机带出大不列颠，泄露编织袜子的秘密，一律严惩不贷，处以极刑。但严厉的处罚仍然无法阻止这项发明向全球扩展，到16世纪末编织品被扩展到了全世界。1817年英国人马歇·塔温真特发明了机织勾针，从此，针织品从袜子到内衣、外衣都能被编织了。

　　在我国，机织从黄道婆发明纺机（1530年）至今已有近500年历史，而针织才100余年。1879年，欧洲国家的针织品输入中国，洋袜、手套以及其它针织品通过上海、天津、广州等口岸传入内地，受其影响，在沿海主要进口商埠相继办起了针织企业。中国的针织工业的发展也是从袜子生产开始的。1896年，在上海成立了中国第一家针织厂——上海云章衫袜厂，创办初期仅能生产罗宋帽及普通袜子，1902年更名为景纶衫袜厂，1978年又恢复为上海景纶针织厂名称。

　　随着针织工艺设备和染整后处理技术的不断进步及原料应用的多样化，现代针织面料和组织图案越来越丰富多彩，为针织服装设计师们提供了更为广阔的设计空间。

第二节 国内外针织服装发展现状

随着人们生活方式的改变，针织服装越来越受到人们的喜爱，全球针织服装逐年递增5％~8％，而梭织服装仅为2%。近些年国内针织服装的消费虽已大幅提升，但距与发达国家相比仍有着相当大的增长空间。

一、我国针织服装产业发展现状

在我国纺织工业中针织品生产企业发展最快、数量最多。行业发展的一个显著特点是其企业分布的集群性。目前，全国针织生产能力和销售优势主要集中在浙江、广东、江苏、山东、福建、上海这五省一市。广东佛山张槎镇、南海盐步镇、浙江海宁马桥镇、诸暨大唐镇、山东即墨市等均是针织企业的集群地。

近些年，我国针织业出口不断创新高。2003年，我国毛衫的出口量已经占到世界贸易总量的1/4；2005年，我国针织工业总产值已超过纺织工业总产值的10%，但针织服装出口比梭织服装出口少40亿美元；到2007年，针织服装已经比梭织服装出口多140亿美元。从国际市场来看，最大的销售地区是日本，比重为12%；出口增长最快的地区分别是俄罗斯、新加坡和阿联酋。

内销市场，根据中国针织工业协会近5年的统计数据，内销市场增速比外销市场增速高出10个百分点，内销市场的快速增长将是拉动行业增长的主要动力。2006年，我国针织服装及附件累计进口7.17亿美元，同比增长了3.11%，针织服装进口增幅在各类服装中是最低的，国产针织服装品牌在国内市场占据了主要地位。

尽管如此，我国针织企业的品牌化建设之路还很长。我国中档针织服装总量过剩，高档针织服装凤毛麟角，营销渠道和产品设计是我们应向国际同行学习借鉴的地方。虽然我国已是针织出口大国，但针织服装设计人才缺乏是一个不争的事实，这成为了制约针织业发展的瓶颈。针织行业服装品牌庞杂，缺少在国际市场上有竞争力的知名品牌和优秀的设计人才，这大大制约了我国针织行业在国际市场的竞争力。

二、国际著名针织服装品牌

（一）米索尼（MISSONI）

意大利设计师米索尼（MISSONI）是首位创建针织装设计品牌的先行者，并一生致力于开发和推广其针织装品牌，使从前在庄重场合不能登入大雅之堂的针织装与梭织装并驾齐驱，并在国际首屈一指的大牌中开始占有一席之地。该品牌诞生于意大利，在国际时装界它几乎是针织时装的代名词。

1953年，米索尼在意大利创建针织装品牌；1968年，米索尼第一次在纽

图1-2-1　色彩加条纹是MISSONI的设计特色

约成功展示了其针织装设计作品；1978年，米索尼又分别在米兰和纽约成功展示了"米索尼25周年作品回顾展"。从品牌创建伊始，米索尼梦幻般的色彩和条纹组合就带给了人们无穷的视觉艺术享受。米索尼式的色彩和几何抽象纹样如同彩虹般美妙，别具个性的图案运用、色彩的间色和谐与错视设计的统一、

图1-2-2　锯齿形的图案具有典型的MISSONI特色，
富有节奏感的变化之美

个性化的对比色彩搭配，充满了丰富的想象力。米索尼把针织服装提升到了艺术境界，将艺术与针织完美结合。它把针织服装带入了一个全新的世界，与传统意义上的针织服装明显区别开来。其产品是永恒的，而不是时髦一时的。

条纹是针织服装中的经典元素。米索尼条纹最早开始于运动服装，因为创始人欧塔维奥·米索尼（Ottavio Missoni）曾是奥林匹克运动会男子400米冠军，其最早拥有的机器是用来制作运动服装的，且只能生产单一色调或条纹的针织服装。出于这个偶然的原因，米索尼逐渐将自己的设计理念融入其中，进而发展成各式条纹如对角线、水平线、垂直线等多元丰富的花色图案，还有各种粗细宽窄与紧密分散的圆点、格纹、条纹、斜条纹、人字纹、电波纹、几何图形、锯齿状图案，让针织衫看起来像人体上的立体画，再加上缤纷多彩的色系，使得那些针织服装呈现出精彩绝伦的非凡面貌，也让后来的条纹图案成了米索尼的标志性风格。

作为米索尼的接班人，安吉拉（Angela Missoni）将米氏风格发扬得更加细腻、时尚。她为米索尼增添了诸如花朵、水果、蝴蝶、钻石菱形等更为丰富的图案而紧跟潮流，但基本风格却没有很大变化。米索尼从世界各地的民族风格中汲取养分，如日本式、东欧式、印度式等都反映在每季的设计风格中，让人爱不释手。

图1-2-3 MISSONI的产品种类几乎涵盖了人们着装的方方面面

米索尼品牌"以个性化的动感为主，动静结合相宜"的个性设计风格，使其各个零散部位在统一和谐的整体中互相联系、互相依靠、互相作用。该品牌在处理色彩方面主要通过三种模式：使用黑白灰无彩色相间、多采用中纯度色彩搭配、注重对节奏与韵律的把握。作为针织服装的著名品牌，米索尼的色彩运用灵活多变，其形式美的规律值得我们探索、研究和学习。

（二）索尼娅·瑞吉尔（SONIA RYKIEL）

1962年，当新婚不久的Sonia Rykiel为自己设计了一款孕妇装并把它放在丈夫的"LAURA"服装店里出售时，她并没有想到这将是她日后巨大成功的开始，这种简单舒适的服装立刻被抢购一空。到1964年，她设计的针织服装已在全世界销售。Sonia Rykiel又被称为"针织女王""针织皇后"，并逐渐为全世界服装界所认可。

图1-2-4 SONIA的服装风格端庄典雅，浪漫唯美；花朵、荷叶边等元素使SONIA的针织服装更富有女性之美

图1-2-5 该款SONIA套头衫前胸的图案是设计的重点，形成叠穿的视错觉，富有设计的趣味性

几十年来，Sonia的天赋在服装设计中得到了淋漓尽致的发挥。她发明了把接缝及锁边裸露在外的服装；她去掉了女装的里子，甚至于不处理裙子的下摆；在她每季的纯黑色服装表演台上，鲜艳的针织品、闪光的金属扣、丝绒大衣、真丝宽松裤及黑色羊毛紧身短裙等都散发出令人惊叹的魅力。

Sonia对时装的独特理解在全世界的女性中赢得了广泛的共鸣。她创造的那种女性化、舒适、性感的时装恰恰迎合了女性的需求。同时，她给了顾客更多的选择机会。她曾说过，"我喜欢观察女士们在专卖店里如何搭配我的设计——一个女人必须自己打扮自己，而不是被我打扮。我从不命令她们，我更喜欢让她们自己选择。这对我，对她们都更有趣。""风格，它来自于你内心深处的灵魂，但并不是每个人都能拥有它。"个人特质是Sonia认为在设计服装时最重要的一部分，所以，她总是希望能让穿着者从每

季的服装中探究到搭配的技巧，并陶醉在穿衣的乐趣中。

　　Sonia的特立独行的性格在其服装中被展露无疑。她并不盲从所谓的主流。回溯到这位"针织女王"在20世纪70年代设计她的第一件贴身的毛衣时曾说过，"我记得当时所有的人都不赞同我的想法，但我还是做了，因为我觉得这样的毛衣，穿在女人身上会使她们更美丽。"这个直觉的坚持不但让Sonia创造了无数洋溢着都会性感、强调自由搭配的服装，更成功造就了Sonia充满了女性特质及无限浪漫的Sonia Rykiel精品王国。

　　一直以来，Sonia Rykiel在服装上通常没有特别的品牌识别标志，而在皮带及皮包的金属扣环上则常有缩写字母"SR"的出现。为了搭配服装，Sonia每季还会推出少量的皮带、皮包、手表与鞋子，黑色的设计和镶钻的技巧使得这些饰品反映出Sonia对于华丽高贵的定义。

图1-2-6　SONIA的设计强调自由搭配，给人们更多的选择机会

（三）其它品牌

　　时装界大多数品牌以梭织服装为主，但随着针织服装日益受到人们的喜爱，越来越多的服装品牌在产品设计时纳入了针织服装的类别，使针织服装也变得越来越有设计感和时代感。

　　1.贝纳通（BENETTON）

　　意大利品牌贝纳通创建于1965年，总设计师为朱丽安娜·贝纳通(Giuliana Benetton)，现有200多名设

图1-2-7　鲜艳、丰富的色彩是贝纳通永恒的特点

图1-2-8　贝纳通的针织装设计年轻、富有活力，因而受到青年人的喜爱

计师组成的设计群。最初，贝纳通套衫是由朱丽安娜手织的，以鲜艳的色彩区分英国产的羊毛衫。第一系列有18件衣服，主要是紫罗兰色套头衫。其服装多为天然纤维如羊绒、羊毛、安哥拉毛材质。为了迎合地方口味及流行趋势，贝纳通套衫都用小批量染色纱线制成。

　　贝纳通服装试图超越性、社会等级及国别而反映一种生活的哲理。设计随意幽趣，剪裁易于穿着。鲜艳、丰富的色彩是贝纳通永恒的特点。贝纳通的广告用语 "United Colors Of Benetton"（全色彩的贝纳通）正是其产品风格的概括总结。

　　2.维维安·韦斯特伍德（VIVIENNE WESTWOOD）

　　20世纪70年代，韦斯特伍德使大胆前卫的朋克风格在以观念保守著称的英国被发扬光大，并成为颠覆时装世界的朋克女王。1970年，29岁的韦斯特伍德在伦敦国王路430号开设了一家小时装店，出售一些怀旧风格的时尚物品。她的设计风格另类，极端性感，擅长于破坏一个旧世界，重建一个新世界，与主流时尚完全背道而驰。新奇的事物总是一开始令人难以接受，虽然她桀骜不羁的设计风格曾被报纸抨击为是颓废派的代表，但是韦斯特伍德的影响力却是巨大的。她的许多超前设计理念在很长时间之后又被别的设计师吸收利用，例如：内衣外穿、厚底松糕鞋……

　　韦斯特伍德本身就是一个不折不扣的朋克原型，她为时装注入了新的含义，使我们可以从更多的视角观看时装、理解时装。

图1-2-9 韦斯特伍德的设计风格融合了复古与前卫的理念，采用垫臀处理，打破了传统的针织装设计思路，其充满奢华复古感的针织晚装使针织服装也可以向梭织服装一样走入高级时装的大雅之堂

图1-2-10 麦克奎恩的设计风格大胆、前卫，具有超凡的想象力，拓展了针织装设计的创意空间

3.亚历山大·麦克奎恩（ALEXANDER MCQUEEN）

1970年，麦克奎恩出生于英国，毕业于著名的以创新进取、自由前卫而著称的伦敦圣马丁艺术设计学院。1997年，接替加里亚诺出任纪梵希首席设计师。之后，他在伦敦开设自己的设计公司。

麦克奎恩的设计风格大胆、前卫，跳出了传统高级时装的条条框框，处处充满了革新之举。《纽约时报》编辑Amy Spindler评价麦克奎恩说，"麦克奎恩具备用他的想象力创造惊世骇俗作品的能力。"

麦克奎恩不仅在梭织服装设计方面令人叹服，同时也将创新元素带到了针织服装设计中，使针织服装也变得越来越富有大胆的创意。

第三节 针织服装与梭织服装的比较

一、针织服装与梭织服装的比较

由于织造方法不同，针织物和梭织物在结构、特性、工艺和用途等方面具有明显差异。

（一）织物组织的构成

(1)针织物：是由纱线顺序弯曲成线圈，且线圈相互串套而形成织物。纱线形成线圈的过程，可以横向或纵向地进行，横向编织称为纬编织物，而纵向编织称为经编织物。

(2)梭织物：是由两条或两组以上的相互垂直纱线，以90°角作经纬交织而成织物。纵向的纱线叫经纱，横向的纱线叫纬纱。

（二）织物组织基本单元

(1)针织物：线圈是针织物的最小基本单元，而线圈由圈干和延展线呈一空间曲线所组成。

(2)梭织物：经纱和纬纱之间的每一个相交点称为组织点，是梭织物的最小基本单元。

（三）织物组织特性

(1)针织物：因线圈是纱线在空间弯曲而成，而每个线圈均由一根纱线组成，所以当针织物受外来张力时，如纵向拉伸，线圈的弯曲发生变化，线圈的高度亦增加，同时线圈的宽度却减少；如张力是横向拉伸，情况则相反。线圈的高度和宽度在不同张力条件下，明显可以互相转换，因此针织物的延伸性大。因针织物是由孔状线圈形成，因而有较大的透气性能，手感松软。

(2)梭织物：因经纱与纬纱交织的地方有些弯曲，而且只在垂直于织物平面的方向内弯曲，其弯曲程度和经纬纱之间的相互张力以及纱线刚度有关，当梭织物受外来张力，如以纵向拉伸时，经纱的张力增加，弯曲则减少，而纬纱的弯曲增加；如纵向拉伸不停，直至经纱完全伸直为止，同时织物呈横向收缩。当梭织物受外来张力以横向拉伸时，纬纱的张力增加，弯曲则减少，而经纱弯曲增加；如横向拉伸不停，直至纬纱完全伸直为止，同时织物呈纵向收缩。由于经、纬纱不会发生转换，因此梭织物一般比较紧密、挺硬。

（四）织物组织的物理机械性

（1）针织物：包括纵密、横密、平方米克重、延伸性能、弹性、断裂强度、耐磨性、卷边性、厚度、脱散性、收缩性、覆盖性、体积密度。

（2）梭织物：包括经纱与纬纱的纱线密度、布边、正面和反面、顺逆毛方向、织物覆盖度。

二、针织面料的特性及其对服装设计的影响

针织服装由于采用的主要材料是针织面料，而针织面料是由线圈相互串套形成的一种织物，这种织物结构使针织服装具有穿着柔软、舒适、富有弹性、便于活动、适体性较好等诸多优点。针织面料的性能对服装的款式造型设计、结构设计以及缝制工艺设计等产生很大的影响，从而使针织服装的设计、生产与梭织服装既有相近之处，也存在一些差异。针织服装的设计和制作过程不能完全照搬梭织服装，否则不但达不到设计效果，相反还会产生很多问题。所以，针织服装设计人员在设计前必须充分了解针织面料的性能特点，并熟练掌握针织服装设计的方法与技巧。只有这样，才能在设计和生产中扬长避短，保证设计的科学性、合理性和正确性，进而全面提升针织服装的设计含量及产品质量。

（一）拉伸性

针织物的拉伸性也可称为弹性。弹性是针织物突出的特性，一般针织物的横向拉伸可达20％左右。其缺点是尺寸稳定性相对较差，规格尺寸容易发生变化；优点是，针织服装适体性特好，既能充分体现人体的曲线美，又能伸缩自如，适应人体各种运动与活动的需求。

（二）脱散性

纱线断裂或线圈失去穿套连接后，线圈与线圈发生分离，称为脱散性。

在款式设计与缝制工艺设计时，应充分考虑这一性能，并采取相应的措施加以防止。如采用包缝、绷缝等防脱散的线迹；或采用卷边、滚边、缝罗纹边等措施防止线圈脱散。同时，在缝制时应注意缝针不能刺断纱线形成针洞，从而引起坯布脱散。因此，针织坯布一般要经过柔软处理。

脱散性与面料使用的原料种类、纱线磨擦系数、组织结构、未充满系数和纱线的抗弯刚度等多种因素有关。单面纬平针组织脱散性较大，提花织物、双面组织、经编织物脱散性较小。

（三）卷边性

单面针织物在自由状态下边缘会产生包卷现象，这种现象称为卷边性。

这是由于线圈中弯曲线段所具有的内应力企图使线段伸直而引起的。在缝制时，卷边现象会影响缝纫工的操作速度，降低工作效率。目前企业主要采用一种喷雾黏合剂喷洒于开裁后的布边上，以克服卷边现象。

卷边性与针织物的组织结构、纱线捻度、组织密度和线圈长度等因素有关。一般单面针织物的卷边性较严重，双面针织物没有卷边性。

（四）透气性和吸湿性

针织面料的线圈结构能保存较多的空气，因而透气性、吸湿性、保暖性都较好，穿着时有舒适感。这一特性使它成为功能性、舒适性面料的条件，但在成品流通或储存中应注意通风，保持干燥，防止霉变。

（五）抗剪性

抗剪性表现在两个方面：一是由于面料表面光滑，用电刀裁剪时层与层之间易发生滑移现象，使上下层裁片尺寸产生差异；二是裁剪化纤面料时，由于电刀速度过快，铺料又较厚，摩擦发热易使化纤熔融、粘结。

所以在裁剪针织面料时，光滑面料不宜铺料过厚，需采用专用的布夹夹住；化纤面料也不宜排料过厚，并要降低电裁刀的速度或采用波形刀口的刀片。

（六）纬斜性

当圆筒纬编针织物的纵行与横列之间相互不垂直时，就形成了纬斜现象。用这类坯布缝制的产品洗涤后就会产生扭曲变形。

（七）工艺回缩性

针织面料在缝制加工过程中，其长度与宽度方向会发生一定程度的回缩，其回缩量与原衣片长、宽尺寸之比称为缝制工艺回缩率。

回缩率的大小与坯布组织结构、密度、原料种类和细度、染整加工和后整理的方式等条件有关。工艺回缩性是针织面料的重要特性，缝制工艺回缩率是样板设计时必须考虑的工艺参数。

第四节 针织服装设计发展趋势

一、内衣外穿化

针织服装最初作为内衣被人们穿在里面，到20世纪70年代以后，针织品外衣开始投入生产，到了80年代，我国针织服装已经与国际流行款式逐渐接轨。尤其是80年代后期，文化衫开始风行，原来作为内衣穿着的圆领长袖针织衫、背心等，到了夏天就成为了最受欢迎的时装T恤。文化衫的图案内容非常广泛，例如，人物头像、风景和各种俏皮文字等，使针织T恤已经成为人们衣橱中不可或缺的时尚单品。

二、时装化

羊毛衫原来也是内衣类服装，如羊毛开衫、羊毛背心等，以素色为主。20世纪80年代以来，在消费需求量增加的同时，随着人们审美观念的提高，对羊毛衫产品也要求越来越具有设计感。生产厂家和设计师根据产品旺销的势头，在羊毛衫的款式和色彩上不断推陈出新，其外衣化、时装化的趋势越来越明显，传统的着装样式已不适合发展的趋势，更不适合人们追求个性的需求。作为外衣的羊毛衫也根据季节性、实用性、年龄、性别、流行款式、流行色等因素进行设计，在尺寸、工艺、色彩等方面迅速贴近时装的要求。

图1-4-1 内衣外穿化是针织装一大设计趋势（memo's品牌）

图1-4-2 针织开衫的设计，融入了更多的时尚元素（DIOR品牌）

三、个性化、多样化

　　随着针织工艺设备和染整后处理技术的不断进步及原料应用的多样化，针织面料越来越丰富多彩。从外观看，有的薄如蝉翼，有的形似毛呢裘皮，有的弹力超群且舒而不展，有的软中带爽且柔挺并蓄；从风格看，有的轻如罗纱且悬而不飘，有的厚而不重且轻暖舒适，有的光彩夺目且绚丽多姿。

　　针织服装的产品种类也越来越多，几乎涵盖了人们生活的方方面面，例如，内衣、T恤衫、绒线衫、夹克衫、外套、裤子、配饰品等。针织服装日益朝着个性化、多样化方向发展。

图1-4-3　针织服装的产品种类几乎涵盖了人们生活的方方面面，并融入了更多的个性化设计理念，以满足消费者求新求异的心理需求（memo's品牌）

本章思考练习题

1．针织物与梭织物的区别。

2．针织面料的性能有哪些特点？

3．针织服装设计的发展趋势。

4．进行针织服装品牌市场调研，分别调研国外、国内各一个针织服装品牌，并进行比较分析。

Chapter 2

第二章 针织服装分类

【本章学习重点】

- 针织服装的分类依据
- 成型类针织服装的产品种类
- 裁剪类针织服装的产品种类

随着经济的发展和消费需求的转变，人们对于舒适、休闲和运动的崇尚使得针织服装越来越受到人们的青睐。与梭织类的服装相比，针织服装具有一定的个性特征，特别是在休闲运动装方面具有很大的优势。由于新材料、新工艺、新技术的应用以及款式和品种不断增多，针织服装以其多样化的产品种类不断地在服装市场内扩展空间。现在的针织服装包罗万象，几乎涵盖了服装的所有门类。

从不同的角度出发，针织服装的分类可以有很多种。例如：按款式划分，可以分为针织背心、开衫、套头衫、裤子、裙子、针织配件等；按原材料划分，可以分为棉针织装、毛针织装、丝针织装、麻针织装、化纤针织装、混纺针织装等；按工艺划分，可以分为横机加工的成型的编织服装和圆机或经编机生产的针织坯布经过裁剪、缝制加工制成的针织服装等。

针织成型类服装是在平型全成型针织机上编织的，通过增加或减少编织区域总的纵行数编织衣片和衣坯，然后缝合成衣。成型类针织服装大多应用在毛衫领域。裁剪类针织服装是将针织坯布按样板裁剪成衣片，然后

图2-1　通过横机加工的成型的编织服装（MAX MARA品牌）

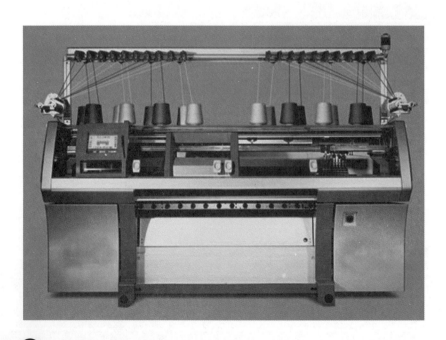

图2-2　用于加工成型编织服装的电脑横机

缝合而成的服装。许多的针织内衣、外衣均为裁剪类针织服装。由于裁剪类针织服装在设计方面与梭织类服装有很多相似之处，因此，本章根据加工设备及工艺的不同，重点对成型类针织服装进行分类介绍。

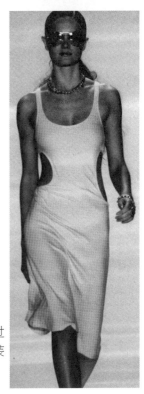

图2-3　圆机生产的针织坯布经过裁剪、缝制加工制成的针织服装（MICHAEL KORS品牌）

图2-4　用于生产针织坯布的圆机

第一节 成型类针织服装

成型类针织服装是通过在针织机（横机、电脑针织机等）上的收针和放针，编织出衣服形态的衣片或衣坯，然后缝合为成衣。传统手工编织成型的毛衣以及袜子、手套、围巾均属此类。由衣片的成型程度又可分为全成型和半成型两类。全成型衣片按照严格的尺寸要求设计工艺，在针织机上编织出的衣片只需缝合即可成衣，这类服装设计生产的工艺技术要求和成本都较高。半成型则还须将衣坯做部分裁剪，如开领口、挖袖窿等，再进行缝合。针织毛衫是具有毛型感的针织服装的通称，属于针织服装系列中的一个分支。现今的针织毛衫除以羊毛作为原料外，还广泛采用羊绒、驼绒、兔毛、毛型腈纶等各种动物纤维、植物纤维及化学纤维，这带来了变化多端的风格形象。

成型针织服装的基本特性是由于构成织物的线圈形状以及圈套过程中受力的方向而形成的，其中最主要的特性为伸缩性、卷边性、脱散性和尺寸不稳定性。不同纱线配置和不同组织结构配置都具有这种共同的特性。

在成型类针织服装的生产技术方面，欧美及日本等发达国家在国际市场上占有绝对的优势，他们很早就致力于电脑横机的开发，目前几乎垄断了电脑横机市场。电脑横机在成型针织服装设计生产中的运用也十分成熟，尤其是无缝技术的发明和发展代表了成型针织服装织造的最新技术。

由于技术的发展，成型针织服装的品种也越来越多，以下是一些主要的成型针织服装的种类：

一、针织毛衫类

针织毛衫是编织类针织服装的通称，是针织服装中一个重要门类。针织毛衫品种繁多，花色款式绚烂多彩，目前用羊毛、羊绒、驼绒、腈纶、真丝、人造丝、棉纱等原料编织的各种款式新颖的开衫、套头衫、连帽衫、外套、裙装等受到人们的广泛喜爱。

随着羊毛生产技术的发展，特别是随着各种新型电脑横机的问世，毛衫的新品种和新的编织技术不断涌现。目前不仅能织出各种新颖的、流行的花纹图案，而且还可以在同一件衣片上使用不同粗细的纱线编织多种密度的各个部段。

不同类型的毛衫有其独特的造型，以下六种为最基础的也是最具有代表性的针织毛衫款式：

（一）针织开襟衫(Cardigan)

针织开襟衫通常简称为针织开衫，是衣服前面有拉链或扣子等连接物的短上衣。通过不同的造型手法，可以将针织开衫演绎出许多的造型样式，如选用柔软的开司米做材质，领口和门襟进行滚边工艺处理，肩线、腰线自然合体，

1 | 2
3

图2-1-1 针织开衫已经成为一种经典的针织
造型（JAVIER LARRAINZAR品牌）
图2-1-2 对襟针织开衫，衣身边缘部位的提
花装饰是设计重点。
图2-1-3 针织套头衫

这是一种体现女性味的造型，其中最经典的莫过
于针织两件套了。如果将门襟配上金属拉链，下
摆改为高罗纹收腰的设计，这样的开襟衫又偏向
帅气的都市风格。

（二）针织套头衫(Pullover)

针织套头衫是仅从头部开口，便于穿套的
针织服装。根据开口形状的不同，分为高领针织
衫、V领针织衫、圆领针织衫或其它时尚的领型
衫。针织套头衫属于休闲装，已经成为一种经典
的针织造型。设计师们通过对领口、袖口及下摆
的不同设计，可创造出不同的针织衫式样。

（三）马球针织衫(Polo Top)

马球衫是一种套头翻领针织上衣，在前片有半开襟。马球针织衫最初是由运动服装演变而来，造型风格偏中性，属于男女皆宜的式样。通常衣身采用平针组织，领口、袖口和底摆采用罗纹组织，通过对口袋、领子、装饰品等细节设计，可表现出不同的造型效果。

（四）针织背心(Vest)

针织背心由套头针织衫发展而来，通常是V领或圆领，无袖结构，多搭配衬衫穿着。

（五）针织连衣裙(Sweater Dress)

针织连衣裙是衣片和裙子相连的单品。针织连衣裙一直以来在针织服装种类中所占的比例较低，但由于针织连衣裙的良好舒适感，现在开始被越来越多的人们接受了。近年来，针织连衣裙还不断地被服装设计师们运用到礼服的设计中，并获得了成功。

图2-1-4　马球衫的造型偏中性，已经成为一种经典的针织造型（JUNKO SHIMADA品牌）

图2-1-5　时装类针织连衣裙

图2-1-6　针织背心

图2-1-7　蓬松质感的针织外套　　　　图2-1-8　礼服类针织连衣裙
营造出温暖、休闲的感觉

（六）针织外套(Knitted Coat)

针织外套也称针织大衣，款式倾向于合体或宽松的造型特点。针织外套对尺寸稳定性、服装合体性等要求相对较高。

时代在变，观念在变，针织毛衫也在变。现在的毛衫再也不局限于开衫、套衫这些传统的款式，长款或短款、色彩鲜艳或沉稳、风格活泼或优雅，各种风格的毛衫充满了时装舞台。而不同材质的组合设计更是大大拓展了毛衫设计师的设计领域，并已成为国际化的设计潮流。

二、针织配件类

针织配件作为服装配套用品，不仅具有功能性，而且越来越具有设计感。

（一）针织帽

针织帽的样式不断推陈出新，从传统单纯的保暖功能变得款式丰富多样。

（二）针织围巾

针织围巾色彩富于变化，能适合不同服装配饰的需要。

（三）针织手套

针织手套分为成型编织或用针织坯布缝制而成，分装饰用、保暖用和劳保

图2-1-9　具有极强的组织纹理效果的针织帽，给人以温暖厚实的感觉。

图2-1-10　通过组织变化进行设计，该款针织帽更多的是出于装饰的目的

图2-1-11　白色针织围巾短小而精致，富有设计感

图2-1-12　针织围巾的设计已经超越了传统的模式，越来越富有创意

图2-1-13　手套上组织图案的变化不
仅具有装饰性，而且更加厚实保暖

图2-1-14　针织提花手套

图2-1-15　具有立体浮雕感的装饰是该手套
的设计重点

图2-1-16　长袖针织提花手套，从礼服手套
中吸取灵感，兼顾保暖和装饰的目的

用三类。手套的主要作用是保暖、御寒、装饰和防护，这就要求服用舒适、有弹性、耐磨，同时作为手部装饰，又要求美观、大方。一些防护用手套还有特殊防护功能，例如阻燃、防火、绝缘等。

（四）针织袜类

袜类是针织工业的大宗传统产品，针织机是从织袜开始的。袜品的传统功用是保护腿、脚部温度，现在也发展为腿部装饰以便与时装配套。袜品的服用要求是弹性与延伸性好、耐磨、吸汗、柔软、透气、吸湿以及更高的功能，例如防臭、卫生、防脚气、防脚裂等。

袜品所用原料一般为棉、锦纶长丝、锦纶弹力丝等。为了增加天然纤维的耐磨性，常用锦纶加固袜底部分；为了增加袜品的弹性，常衬入氯纶或在袜扣处衬入橡皮筋线。

针织袜子为成型编织品，按长度分短统、中统、长统和连裤袜；按花色分素袜和花袜两大类。随着裙子长度的流行变化，袜子的设计变化也更为层出不穷。

图2-1-17　提花针织袜

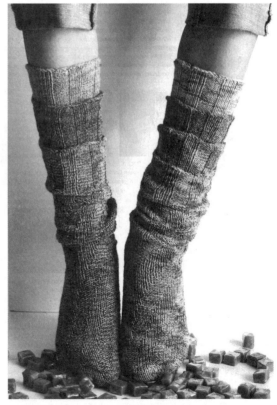

图2-1-18　罗纹口的针织袜比较常见，肌理感和弹性都更强

第二节 裁剪类针织服装

裁剪类针织服装是指把针织坯布按照样板剪裁成衣片后再缝合为成衣，大部分休闲外衣和针织内衣都属于此类。

针织面料来源于机器化大生产，从最初针织面料作为功能化面料用于工作服开始到现在广泛运用于内衣和外衣，经历了几个重要的发展转折点，有材质本身的突破，也有设计思维的扩展，更重要的是人们观念的转变。

近年来，针织裁剪服装外衣化、个性化、时尚化趋势越来越明显，人们对针织裁剪服装的选择范围已经不仅仅局限于T恤和运动衫。这种舒适而不失格调的面料已经广泛地进入时尚类外衣，甚至涉及到礼服等高端产品的领域。下面重点介绍几种常见的裁剪类针织服装。

一、针织运动服装

运动服装分为竞技类专业运动服装和生活类运动服装。专业运动服有各种比赛服，例如，泳装、体操服、网球服、自行车服、摩托服、登山服等。针织物以其特有的延伸性和弹性，特别适用于制作运动服装。

图2-2-1 泳装的设计在注重功能性基础上进行款式变化

运动服根据各种运动要求的不同，应具有特殊的弹性、透气性、透湿、防水、防风及运动阻力、良好的伸缩性、肋部和膝部的柔韧性、安全性等要求。运动服装设计师有别于其它服装设计师，需要知道各种不同运动的特性，才能深入了解运动员对服装的需求。例如，设计专业的瑜伽运动服装，需要了解瑜伽运动的特性。瑜伽是一个720°的运动，除了肢体的伸展外，还会有倒立等

图2-2-2　生活类运动装融入运动和休闲的两大特色（memo's品牌）

高难度动作，所以要考虑使用高性能的特殊材质，例如科技性尼龙，而缝法则采用需花费较多时间和人力的四针并缝。而滑雪服要求防水透气，自行车选手所穿的运动服的内层就要着重吸湿排汗功能。

运动服装的发展与科学技术的发展、社会文明程度的提高息息相关。随着科学技术与专业运动服的设计与制作的紧密结合，高科技运动服装不仅有助于提高运动员的成绩，更有助于开发人类自身潜力，提高运动竞技水平。

二、针织内衣

针织内衣是由针织面料缝制的穿在最里面的贴身服装的总称，可分为贴身内衣、补整内衣和装饰内衣。内衣主要包括背心、短裤、棉毛衫裤、文胸、紧身胸衣、睡衣、衬裙等。因这类服装直接接触肌肤，所以要求具有很好的穿着舒适性和功能性，如吸汗、透气、卫生、柔软、皮肤无异样感等；使用原料以纯棉纱线为主，辅之以棉混纺纱线、毛及毛混纺纱线、真丝、锦纶纱等；对弹性有特殊要求的产品还要适当加入些弹性纱线。此外，开发一些用保健性纤维编织的或经保健功能整理的、具有防病治病功能的保健功能性针织内衣，也是针织内衣发展的趋势之一。

（一）贴身内衣

贴身内衣是指直接接触皮肤，以保健卫生为目的的内衣。其主要有背心、短裤、棉毛衫裤等，分别由中、低特纯棉纱织制，采用单面纬平针、单罗纹、双罗纹组织，柔软贴身，具有吸汗、舒适、保持或调节体温、卫生保健等功能。它是现代人生活不可缺少的一个服装类别。

（二）补整内衣

补整内衣指女性用的文胸、紧身胸衣、束裤、束衣等，还包括服装用的各类衬垫。补整内衣主要起到弥补身体缺陷，调整服装造型，增加身体曲线美的作用。通常采用针织经编组织，利用材料和裁剪使身体达到抬高、支撑和束紧的作用，以矫正体型。例如，文胸能保护女性胸部维持理想的形态、位置和高度，并对扁平胸部和间距较大的胸部起到集中、收拢的目的。

（三）装饰内衣

装饰内衣是穿在贴身内衣外面的内衣，以方便外衣穿脱、装饰、保持服装基本造型为目的，通常加有花边、刺绣等装饰。其主要品种有衬裙、衬裤等。

随着生活质量的提高，人们对内衣的认识更加全面，要求也越来越高，这促使内衣的设计更加多样化、时装化。同时，内衣的设计更加重视功能性和装饰性。随着新材料的不断开发，产品将走向高技术含量和复杂化趋势，形式上将摆脱单纯遮盖、保暖的基础阶段，走向更加舒适、装饰的时尚化功用性时期。

三、T恤衫

T恤衫是"T-shirt"的音译名。T恤衫由圆领针织背心发展而来，基本款式为圆领短袖衫、半开襟和三粒扣的短袖翻领衫等。由于运用横开领、镶拼、嵌线、压条、贴袋等设计，以及印花、绣花等工艺装饰，使T恤衫具有针织内衣和外衣的双重功能。

同其它服装相比，T恤衫的结构比较简单，款式设计通常集中在领口、袖口、下摆部位以及运用色彩、图案、材质的变化进行样式的更新。早期的T恤衫是宽大的造型，多搭配短裙、短裤或牛仔裤。近几年，T恤衫更倾向于时装化，比较合体，更有助于表现身材的曲线。T恤衫是夏季服装热卖的单品，从家常服到流行时装，T恤衫都可自由自在地搭配。

T恤衫由于服用方便，因而具有普及性的特点。通过装饰以文字、图案、徽记，还常被用于商业、公益、大型宣传活动场合，起到广告的宣传作用。如今，T恤衫几乎已经成为现代人衣橱里不可缺少的必备单品。

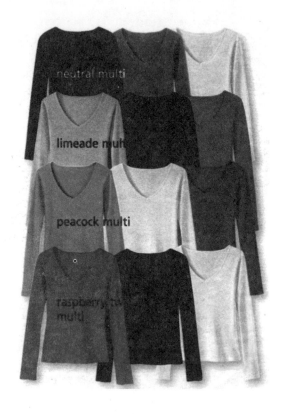

图2-2-3　贴身内衣应具有良好的
吸湿和排汗性

图2-2-4　补整内衣有助于弥补身体缺陷，
调整服装造型，起到增加身体曲线美的作用
（LORMAR品牌）

图2-2-5　T恤衫已经成为现代人衣橱里不可缺少的必备单品（memo's品牌）

图2-2-6　T恤衫的设计越来越时尚化、个性化（memo's品牌）

本章思考练习题

1．成型类针织服装常见的样式有哪些？

2．分别设计一款针织开襟衫、针织套头衫、马球针织衫、针织背心、针织连衣裙、针织外套。

3．分别设计一款针织帽、针织围巾、针织手套、针织袜。

Chapter 3

第三章 针织服装设计原理

【本章学习重点】

- 点、线、面在针织服装中的运用
- 针织服装配色原则及运用
- 系列针织服装设计要点

第一节　针织服装造型设计

由于针织服装质地具有的特殊性能及外观风格，因此在轮廓造型方面具有独特的设计特点。

一、廓形概念

廓形又称轮廓线或造型线，指的是服装的轮廓造型，是服装被抽象了的整体外形。一件衣服可以根据人体的特征抽象为长方形，也可抽象为梯形、椭圆形及各种不同的造型轮廓。针织服装廓形基本以字母形表示法和覆盖状态表示法最为常见。

（一）字母形表示法

字母形表示法，就是以字母形态特征来表示服装造型的特点，以英文字母为主，最基本的为X形、H形、A形、T形、O形等。

（二）覆盖状态表示法

1.直身式

是以垂直水平线组成的方形设计，具有造型轮廓简洁明快、端庄大方的特点，是针织服装传统的轮廓造型风格。

2.宽松式

是在直身的基础上增加空间上的放松度而产生的轮廓造型。这种造型能较好地体现面料柔软、悬垂的性能优点。

3.紧身式

是利用织物富有弹性的特点制成的适体性极强的服装造型。这种造型能充分展现人体线条，并能伸缩自如地适应运动。

二、影响轮廓造型的因素

针织服装款式造型与人体结构的外形特点、活动功能及其形态等有关，其中最基本的就是人体的形态，因此决定针织服装廓形变化的主要部位是支撑衣裙的肩、三围（胸围、腰围、臀围）和下摆。这些因素的变化能形成风格各异的轮廓造型效果。

（一）肩部

肩部是支撑针织服装重量和把握针织服装轮廓造型的重要部位。服装穿在人体上，其重量主要由肩部承担。由于针织组织结构的特点，它的柔软性和随形特征大大高于一般梭织服装，所以在确定针织服装的肩部时以自然的肩型为主。

（二）三围

胸围、腰围、臀围合称三围。在针织服装轮廓造型设计中，虽然针织的弹性因素对胸围尺寸要求不是太高，但胸围的大小与合体度的要求对服装廓型变化起着重要作用。腰围松紧度的把握也是影响服装廓形的重要因素。

腰部的造型变化有束腰（X形）、松腰（H形）以及腰节线的变化（即高、中、低腰位置的变化）。腰节线高低位置的不同可带来服装上下长度比例上的差异，从而使整体造型风格呈现丰富各异的变化。

三、廓形设计

针织服装基本轮廓造型可概括为X形、H形、A形、T形、O形等，在此基础上可进行发展变化。针织服装的外轮廓在表现效果上比梭织服装更加含蓄、概括，更随人体本身造型。在传统针织服装造型基础上，可通过纱线的粗细、组织纹理的变化及借鉴梭织服装的造型来进行创新造型的设计。针织裁剪服装的外轮廓主要通过裁剪、折叠、褶皱、加饰物等方式形成。针织成型服装则可以通过收针放针、改变组织密度、交换粗细不同的线来织出立体效果的组织，例如，通过罗纹、绞花、挑花等组织的变化得到需要的造型轮廓。所以针织服装设计的重点在于把握纱线的选择、组织的变化，更多地利用织物面料在性能上的独到之处。

图3-1-1 H形是针织服装中常见的造型，不强调腰身的曲线，比较自由随意，具有典型的休闲特色

图3-1-2　A形超短款针织小披肩，充分运用罗纹、绞花组织的变化，优雅精致

图3-1-3　运用纱线的粗细及组织纹理的变化进行设计，为传统的H形针织装赋予时代感和设计感（作者：王猛）

图3-1-4　A形披肩针织外套，相对宽松的披肩和细瘦的袖子形成反差效果，并在组织上进行罗纹和绞花的肌理对比，整体感觉简洁、大气，并富有细节变化（作者：王猛）

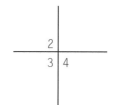

图3-1-5 X形强调腰身的曲线，通过借鉴梭织服装的省道结构进行细节设计，富有新意

图3-1-6 T形强调肩部的结构，该款针织装突出肩部的造型，使之成为设计的焦点

图3-1-7 从直线裁剪中获取灵感进行针织服装的创新造型设计，打破了传统针织装廓形的局限性

图3-1-8 夸张袖子的造型，使该款针织装更富有视觉的表现力

5	6
7	8

第二节 针织服装内结构设计

针织服装是由结构组织的特殊性而区别于其它服装的，它具有服装造型的一般共性，又由于其特殊性而表现出它自身的造型规律。

服装造型设计的基本构成要素是点、线、面、体四大要素。服装构成主要是通过点、线、面、体的基本形式进行分割、组合、排列，从而产生不同的服装造型。针织服装由于织造工艺形成其特殊的脱散性、卷边性、变形性等，从而使整体的造型表现出针织服装特有的效果。

针织服装的造型设计首先应遵循服装造型设计的基本原则。造型设计中点、线、面、体既有联系又相互制约，在设计中运用形式美的法则可将这些要素组合形成理想完美的造型。

一、点

（一）点的概念

点是一切形态的基础。在造型设计中点是以视觉对其大小、面积的感受来界定的。面积越小，点的感觉越强。造型设计中的点有大小、形状、色彩、质地的变化。

点在服装造型设计中的含义代表了它的大小和分布的位置，如服装上的口袋、扣子、领子、饰物、头饰等。点是构成形式美中不可缺少的一部分。点的重复可形成节奏和韵律。点在设计中，由于分布的位置不同，会产生不同的效果。同样的一个点，不同的放置、排列位置，都会让人产生视觉感受上的心理差别。

图3-2-1 提花图案的点，起到了活跃气氛的作用（FENDI品牌）

（二）点在针织服装中的表现形式

点在针织服装造型设计中是最小、最简洁同时也是最活跃的因素。它既有宽度也有深度，既有色彩又有质感，能够吸引人的视线。点在针织服装上的表现形式可以有如下几种形式：

(1)面料图案形成的点。

(2)织法工艺形成的点。例如，针织成型服装可以通过钩针工艺补缀或织造嵌入点效果的部件。

(3)饰品装饰形成的点。服装完成后，可加上水晶、金属烫片等装饰。

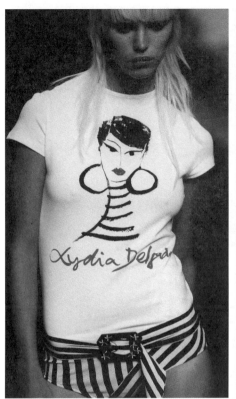

图3-2-2　个性化的印花图案作为点的要素进行装饰，使普通的T恤衫样式更富有设计感（LYDIA DELGADO品牌）

图3-2-3　棉质开衫上的木扣装饰起到了画龙点睛的作用，并与编结的草帽遥相呼应，共同营造轻松的田园风格

图3-2-4　前胸的花朵作为点的元素成为视线的焦点，使服装更加突出

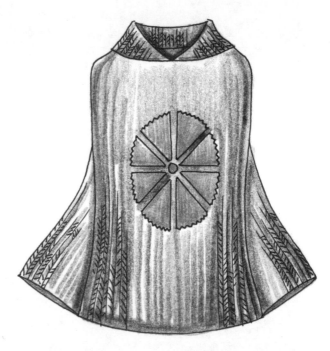

图3-2-5　O形造型的针织
装，在领口处点缀以立体的花
朵装饰，是整件服装的点睛之
笔（作者：张波）

图3-2-6　A形造型的针织装，以黑色为基调，在前胸进行
粉色提花图案的设计，运用色彩的变化打破了黑色调的沉
闷（作者：王勇）

二、线

（一）线的概念

线是指一个点不断地移动时留下的轨迹，也是面与面的交界。造型设计中的线
不仅有长度，还可以有宽度、面积和厚度。针织服装造型设计中的线会有不同的形
状、色彩和质感，是立体的线。线的种类主要分为直线、曲线、折线、虚线四种。

1.直线

是两点间的最短距离，具有帅直、单纯、刚毅的性格。在针织服装设计中，直
线不仅富有张力，而且还表现出运动的无限可能性。直线不仅有垂直线、水平线和
斜线之分，还有粗细之分。

2.曲线

一个点在弯曲移动时形成的轨迹就是曲线。在针织服装设计中，与直线型的设
计相比，曲线具有圆润、婉转、流动、优雅的性格。曲线有几何曲线和自由曲线。

3.折线

与直线型、曲线型的设计相比，折线代表中性，具有不安定的性格。

4.虚线

由点或很短的线串联而成的长线，具有柔和、软弱、不明确的性格。虚线在服装中几乎不起结构线的作用，而是较多地起到装饰线的作用。

图3-2-7　由于水平线的延伸性，会形成加宽的视错觉，比较适合苗条的体型

图3-2-8　通过绞花组织的变化形成放射线的感觉，增添了服装的设计感

图3-2-9　充分运用挑花组织形成线的变化，是该款针织装的设计重点

图3-2-10　吊带和底摆均采用直线处理，粉色与衣身形成补色对比，设计效果简洁而醒目（作者：王巍）

图3-2-11　O形造型的针织装，吊带采用直线和曲线相结合，形成有规律的线，与衣身碎褶形成的无规律的线相得益彰，线和面的协调较好（作者：孔晓文）

三、面

（一）面的概念

面是线在宽度上的不断增加以及线的运动轨迹，是点和线的扩大。造型设计中的面可以有厚度、色彩和质感，是比点感觉大、比线感觉宽的形态，其形态具有多样性和可变性。包括几何形的面和任意形的面。

（二）面在针织服装中的表现形式

面的造型构成是在针织服装上以重复、渐变、扭转、折叠、连接、穿插等形式构成，使服装具有虚实量感和空间层次感。在针织服装设计中，可形成分割变化、组织变化、色彩变化，它决定着服装色彩及明暗的总体格调，决定针织服装的风格与个性。

图3-2-12 线的分割形成几何的面，并以此进行色彩搭配，丰富视觉效果

图3-2-13 通过组织的变化形成面的分割（ANNA MOLINARI品牌）

图3-2-14 通过线的分割形成不同的面，采用同一色调，整体感较强（作者：李晗）

图3-2-15 结合组织变化，线的分割和色彩搭配形成面的感觉，采用类似色配色，既协调又能突出设计重点（作者：李晗）

12	13
14	15

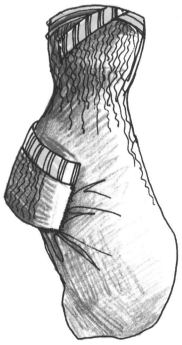

四、体

（一）体的概念

体是面的移动轨迹和面的重叠，是有一定长度和深度的三维空间。点、线、面是构成体的基本要素。体积感是服装结构款式进行立体造型的表现手法。突出体结构造型的服装显得更有空间感、份量感。

图3-2-16　采用粗线编织及立体装饰，并通过组织的变化突出造型的立体感

（二）体在针织服装中的表现形式

体在针织服装上的表现形式主要表现为针织服装的整体造型和局部造型。针织服装要表现体积感可通过卷边、叠加、缠绕等方式形成体量效果，针织成型服装可通过用粗线编织或增加有厚度的造型来增加体量。

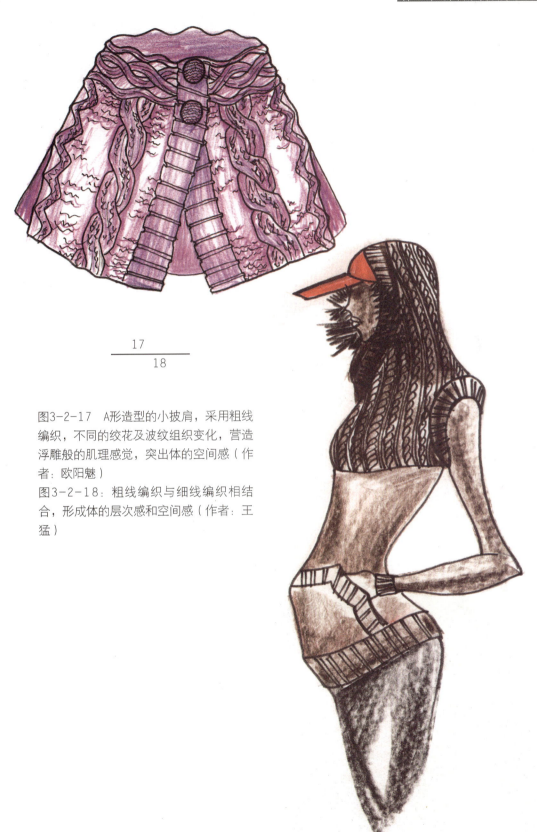

17
___
18

图3-2-17 A形造型的小披肩，采用粗线编织，不同的绞花及波纹组织变化，营造浮雕般的肌理感觉，突出体的空间感（作者：欧阳魅）

图3-2-18：粗线编织与细线编织相结合，形成体的层次感和空间感（作者：王猛）

第三节 针织服装色彩搭配原理

色彩是服装中最引人注意的因素之一，服装色彩所表达的视觉效果是由色彩的基本特性和组合规律决定的。

一、色彩基础知识

（一）色彩的种类

自然界中色彩千变万化，通常可分为三大类：无彩色、有彩色和光泽色。

(1)无彩色：有黑色、白色及黑白两色调和出的各种深浅不同的灰色系列。

(2)有彩色：指光谱中的全部色彩，如赤、橙、黄、绿、青、蓝、紫等。

(3)光泽色：光泽色指有光泽的色彩，如金色、银色以及珍珠色等。

（二）色彩三要素

色彩三要素是认识色彩的重要依据，也是色彩的基本特征。

(1)色相：色相是指色彩的相貌特征。

(2)明度：明度是指色彩的亮度，即色彩的明暗程度。

(3)纯度：纯度是指色彩的鲜艳程度，又称彩度、鲜艳度、饱和度等。

二、针织服装配色原则

服装色彩的搭配即服装色彩的分配，就是指色彩在一套或一件服装中的布局和构成，它依靠形式美的规律和原则来形成美的配色，构成统一和谐的色彩整体效果。针织服装配色可遵循以下几个原则。

图3-3-1 以低明度的灰色系为主，进行提花图案的色彩搭配，搭配效果生动而和谐

（一）比例

服装配色比例是指一套或一件服装中各个色彩之间的面积、形状、位置、空间等的相互关系和比较。良好的色彩比例对于服装整体美起着重要的作用。常用的服装色彩配色的比例有等比比例、等差比例、黄金比例等。

图3-3-2　黑色和黄色的面积处理采用黄金比例关系，黄色的明度较高，而黑色的明度则较低，两种色彩搭配既形成明度对比，又丰富了色相的变化（作者：欧阳魅）

图3-3-3　衣身采用黄色，领子采用紫色皮草进行装饰，大面积的黄色和小面积的紫色形成补色对比，这种比例关系的夸张处理适用于追求对比效果强烈的色彩搭配（作者：高艾宁）

（二）节奏

服装配色的节奏是指一套或一件服装中某个色彩反复排列，形成有规律或无规律的重复。针织服装配色中的节奏感和层次感由色彩的位置决定。

图3-3-4　线条和块面的形与色彩均呈无规律的节奏变化，突出了休闲放松的感觉

图3-3-5吧宽条纹的色彩节奏（JUNKO SHIMADA 品牌）

图3-3-7　斜向条纹的色彩节奏（MOSCHINO品牌）

图3-3-6　细条纹的色彩节奏（JEAN PAUL GAUTIER品牌）

图3-3-8　锯齿形的色彩图案，富有节
奏感的变化（作者：苏君）

图3-3-9　充分运用横向、斜向和纵向的彩色条纹进
行色彩搭配，使该款针织装的视觉效果非常突出（作
者：王猛）

（三） 平衡

　　针织服装配色的平衡是指色彩搭配后给人带来视觉上的平稳安定感，也就是色彩在服装的分割和布局上的合理性和匀称性。色彩的明暗、强弱、面积大小以及色彩的冷暖、形状和位置，都是影响服装配色平衡的因素。服装配色平衡有对称和均衡两种。

图3-3-10　对称平衡是指服装左右两侧无论是款式细节还是色彩搭配都完全相同，统一感较强。大多数的针织装都采用对称平衡的处理手法，不仅易于加工而且易为广大消费者所接受（作者：王猛）

图3-3-11　均衡是指服装左右两侧虽然款式细节或色彩搭配不同，但是整体重量感相似，同对称平衡相比，更富于变化，设计感更强（作者：王猛）

```
 12a │ 13
─────┤
 12b │
```

图3-3-12a、b　不对称的设计通过色彩
搭配及细节分割达到均衡的视错觉效果
（MERCEDES DE MIGUEL品牌）
图3-3-13　单肩不对称的针织晚装，通过
臂上的手镯装饰来达到视错觉的均衡效果
（JOAQUIM VERDU品牌）

（四）呼应

服装配色的呼应是指在一套或一件服装中的某种色彩再次出现，是色彩之间的相互呼应。它包括了内外衣色彩的呼应、上下装色彩的呼应以及服装和服饰品色彩的呼应，使得服装配色在色彩上保持关联，求得统一的视觉美感。

图3-3-14　围巾的条纹色彩与衣身的色彩相呼应，整体感觉既统一又富有变化（作者：王猛）

（五）渐变

服装配色的渐变是指在一套或一件服装中对色彩的明度、纯度、色相以及色块的形状进行逐渐递增或逐渐递减的规则变化，包括平面渐变和实体渐变。平面渐变就是指在同一平面上的色彩变化，实体渐变就是指在服装层次上的色彩变化。

（六）透叠

服装配色的透叠是指服装采用了透明的面料叠置，也就是利用了色彩的透光性能，产生的新的色彩感觉。透叠效果有两种，一种使色彩倾向得到改变，一种使色彩变得更加朦胧。

图3-3-16 运用透叠的原理进行设
计，钩针组织的疏密变化使服装的色
彩富有层次感的对比效果（VALENTIN
HERRAIZ品牌）

图3-3-15 运用透叠的原理进行
设计，使服装的色彩更富有层次感
（DOLCE&GABBAN品牌）

三、针织服装配色方法

（一）单色配色

单色配色是指一件或一套服装都采用一种色彩构成，不存在色彩搭配的
问题，它是服装配色的重要组成部分。单色配色的优点是易于达到统一的整体
效果，缺点是有些单调、沉闷。单色服装可以从纱线的质地、肌理等方面来进
行突破，以弥补色彩的单调感觉。设计者可以根据色彩的视觉心理效应进行选
择，还可以根据人的体型、年龄、性别、性格等因素来进行配色。单色服装配
色可以是无彩色，也可以是有彩色。

（二）双色配色

双色配色是指一件或一套服装采用两种色彩组合。双色配色可以根据色彩的视觉心理效应进行选择，也可以根据色相对比的规律进行配色。在配色过程中，两色之间要注意在面积上有所对比，可以运用穿插、置换的配色方法。

（三）多色配色

多色配色是指一件或一套服装采用三种或三种以上的色彩组合。多色配色的服装层次感强，色彩感觉比单色、双色配色更加活泼、丰富。在进行多色配色时要把握总体色调，要有主次，面积上注意对比。多色配色的重点是先选定主色，再选择搭配色，最后根据主色和搭配色的关系以及配色效果再决定点缀色。点缀色在服装中面积虽小，但地位显著，与主色既有联系，又形成对比。

图3-3-17　该系列针织装设计富有创意，打破常规的设计构思，融入解构风格，比较另类前卫。由于细节较多，因而采用同一色相进行配色，在变化中寻求统一（作者：才愈冰）

第四节 针织服装系列设计

系列原意是指既相互联系又相互制约的一组事物或一组物体。服装系列设计是款式、色彩和材料三者之间的协调组合、互换运用的综合关系。因此系列服装是既相互联系又相互区别的成组配套的服装群体。针织服装系列设计中应该突出针织特有的质感和优良的性能，采用流畅的线条和简洁的造型来强调针织服装的自然舒适性，款式变化不宜太复杂。

一、针织服装面料系列设计方法

（一）利用针织物的特性进行系列设计

1.伸缩性

针织面料由于靠同一根纱线形成横向或纵向的联系，当向一边拉伸时，另一边会缩小。良好的伸缩性使针织面料既适于合体造型的设计，也适于宽松风格的造型。

2.卷边性

卷边性是平针组织针织面料的特点，它会造成衣片的接缝处不平整或服装边缘的尺寸变化，最终影响服装的整体效果和规格尺寸。在了解针织面料性能的基础上，可以变弊为利，利用织物的卷边性，在服装的领口、袖口、下摆做设计，从而使服装具有特殊风格。

3.脱散性

由于针织物的织造原理为链式线圈成套，故针织面料大多具有脱散性，当脱散性严重时甚至会影响服装的牢度。所以针织服装的边缘部位要做专门的处理。针织面料的脱散性在设计中也可以利用，例如，在服装的领口、袖口、裤口、下摆边口等处进行装饰或特别处理，充分发挥针织装的设计特点。

（二）运用组织纹理的变化进行系列设计

随着新原料、新工艺的开发以及高科技的运用，新型针织面料及织造方法不断涌现，这些产品富有独特的肌理效果，为针织服装设计提供了更广阔的创意空间。利用针织组织纹理变化丰富的特点，可设计出各种不同风格的产品，即便是同一种造型，只要在组织图案或纱线上进行改变，就可以获得细腻或粗犷、严谨或活泼等风格迥异的效果。

（三）运用异料镶拼进行系列设计

异料镶拼是利用针织面料不同性质及不同外观效果的组合，使服装不仅具有实用功能，同时还兼有装饰效果，是针织裁剪类服装设计中常用的手法。例如，针织与梭织或皮革等材质的镶拼，汇集不同材质的特征于一体，产生肌理对比，同时还可以在功能上、造型上产生独特的效果。

图3-4-1 充分发挥针织的特性，运用组织纹理的变化以及结合纱线的粗细特点进行设计，系列感较强（作者：王猛）

二、针织服装色彩系列设计方法

　　色彩系列设计是以色彩作为一组统一的元素，然后利用色彩的色相、明度、纯度和冷暖变化来表现设计，通过渐变、呼应、穿插等配置手法，使得系列服装的色彩既整体又统一，富于变化。

图3-4-2　运用粉色、蓝色、紫色类似色进行配色，结合组织纹理的变化，整体效果既统一又有变化（作者：王猛）

三、针织服装装饰系列设计方法

由于针织面料不宜采用复杂的分割线和过多的缉缝线，为消除造型的单调感，常常采用装饰手段来弥补其不足。装饰的方法很多，大致可分为以下两点：

（一）饰件添加

在式样平淡的服装上巧妙地添加各种饰件，例如：在衣领、袖口和下摆点缀亮片、飘带、蝴蝶结、胸针、胸花、项链等装饰品。

（二）装饰图案

装饰图案是针织服装中常有的一种美化方法，局部印花、贴花、织花、刺绣等，起到点缀、调节气氛的作用。

图3-4-3 运用亮片装饰使普通造型的针织装
更富有新意（ESTEVE SITA MURT品牌）

图3-4-4 不仅在色彩上比较统一，而且通过不同大小、质感及色彩的纽扣进行装饰，贯穿整个系列，使该系列服装更富有设计感（作者：王猛）

本章思考练习题

1．分别进行针织装H形、A形、X形、T形、O形的造型设计，每种造型两款。

2．设计一系列五套针织时装，以彩色效果图和款式图的形式进行表现。

Chapter 4

第四章 针织服装部件设计

【本章学习重点】

- 针织服装的领线、领型的分类及设计要点
- 针织服装袖型的分类及设计要点
- 针织服装口袋的分类及设计要点

同梭织服装相比，针织服装在造型方面所受的局限较大，服装外轮廓的线条很难有大的突破，款式的流行更多的是局部细节的变化。除了点、线、面的点缀、分割、组合等设计手法，还可以通过衣领、袖型和口袋等主要部件的设计来增加款式的变化。细节决定品质和成败。这些变化不仅起到烘托和美化服装的作用,而且常常一个或几个细节的变化就可成为流行的主导元素。

服装部件设计是服装造型设计的一部分，通常特指服装的衣领、袖型、口袋等基本细节构成部分。本章我们通过一些针织服装设计作品图例来具体说明，以使读者能够更直观地领会针织服装设计的特点。

第一节 针织服装衣领设计

女装中衣领的变化丰富多样。衣领是服装上至关重要的一个构成细节，它不仅具有功能性，而且还富有装饰情趣。衣领的构成要素主要有：领线形状、领座高低、翻折线的形态、领轮廓线的形状以及领部装饰等。针织服装的衣领设计主要包括领线和领型两部分。有的针织服装只有领线，有的针织服装只有领型，甚至可以将领线和领型相互结合来丰富设计表现的多样化。

在进行针织服装的衣领设计时，还可借助组织变化以及色彩搭配等方面来丰富款式细节设计。

一、领线

领线是衣领的基础，既可以与领子配合构成衣领，也可以单独成为领型。根据领线形状的不同，主要可分为一字领、圆领、V领、U领、方领等，在此基础上进行千变万化演绎成多种领线形状，并可辅助花边、蕾丝、滚边等装饰来进行设计。

（一）一字领

一字领的特点是横开领比较大，领线的前中点比较高，通常在颈窝点上下。在结构设计上，前领线成微弧线形状，以适合肩、颈部结构的特点，在穿着时呈现出"一"字形的外观效果。

图4-1-1 小一字领套头衫（memo's品牌）

图4-1-2 横开领较大的一字领背心，并以领口为重点进行装饰

图4-1-3 该款长袖针织衫在领口、袖口、前襟部位进行宽边处理，采用宽罗纹与绞花相结合的方式，具有浮雕一般的肌理效果，并在细节设计上相互呼应；衣身运用逆向思维，产生一种上下颠倒的视错觉，同时将套头毛衫和开衫的样式相融合，产生叠穿的效果，款式设计很有创意（作者：王猛）

图4-1-4 一字领变化设计，领口、袖口采用黑白间条进行装饰，偏襟处理，底摆的装饰扣是点睛之笔；该款长袖针织衫在设计构成方面点、线、面俱全，整体风格简洁而不失设计细节（作者：王猛）

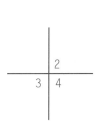

（二）圆领

圆领是女装中比较常见的一种领线，领线的前领口采用半圆形或近似半圆形，后领口多采用弯度较小的弧线形状。圆领可根据领线横开半径的大小进行变化，小圆领显得精致可爱，大圆领则显得典雅大方。

图4-1-5　小圆领套头衫（CHLOE品牌）

图4-1-7　圆领部位采用较粗的纱线编织绞花，缝在领口处进行装饰，绞花可在宽度上进行变化设计，与袖口的罗纹和衣身的平针组织形成反差对比；低腰身设计，穿插以粉色缎带形成腰身的分割，该款设计端庄而不失活泼感（作者：钟韵）

图4-1-6　大圆领套头衫，为颈部留下更多装饰的空间

（三）V领

V领是将两条斜线对接成形，酷似字母"V"。锐角形的V领给人以理智、严肃、干练的感觉；钝角形的V领给人以平和、开阔、庄重的印象。V领的设计可根据领线横开的宽窄、领线前中心点下沉的深度以及领边的装饰来进行变化。大V领的设计潇洒、帅气；小V领则显得比较精致、严谨。

图4-1-8　比较经典的商务风格的V领套头衫，适合搭配衬衣穿着

图4-1-9　领口较深的大V领设计，使领口的装饰更加突出

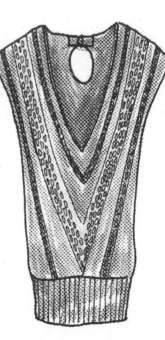

图4-1-10 领部与衣身不同组织的变化使该款针织背心具有浮雕一般的立体感

图4-1-11 横开较大的V领设计，边缘部位用对比色装饰更具运动感（ANNA MOLINARI品牌）

图4-1-12 该款针织背心采用大V领，沿着领口的形状进行挑花组织的变化，挑花组织孔眼的通透性丰富了衣身质感的疏密变化；V领引导视线做上下运动，有助于使脸型、身材显得更加纤瘦（作者：欧阳魅）

图4-1-13 彩色条纹针织背心，利用条纹的方向性进行设计，同时在V领一侧装饰以蝴蝶结，显得更加年轻、俏皮、可爱（作者：罗琼）

（四）U领

U领的形状是介于圆领和方领之间，酷似字母"U"。U领的设计可根据领线横开的宽窄、领线前中心点下沉的深度以及弧线的弯度来进行变化。U领线条柔和，尤其是大U领极具古典美的韵味。

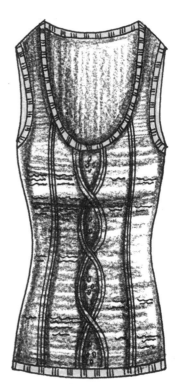

图4-1-14 针织背心采用粗线编织绞花装饰领口，追求质感的对比；腰部为具有民族色彩的提花组织图案，民族元素与时代感结合得较好（作者：于晶晶）

图4-1-15 针织背心采用大U领设计，领口、袖口、底摆是罗纹组织，衣身在反针组织上进行罗纹和绞花组织的变化；由于U领的形状是介于圆领和方领之间，刚柔相济，因而适用面较广，具有优雅大气的审美特点（作者：王勇）

（五）方领

方领是正方形或长方形的领线形状，并由此得名。方领的设计可根据领口的横向宽度或纵向深度进行变化。方领通常是以90°的直角来构成，相互垂直的线条给人的感觉比较理性、严肃、拘谨、正式，具有男性化的性格倾向。由于针织装具有较大的弹性和拉伸性，因此，方领在针织装领口的设计中运用得较少。

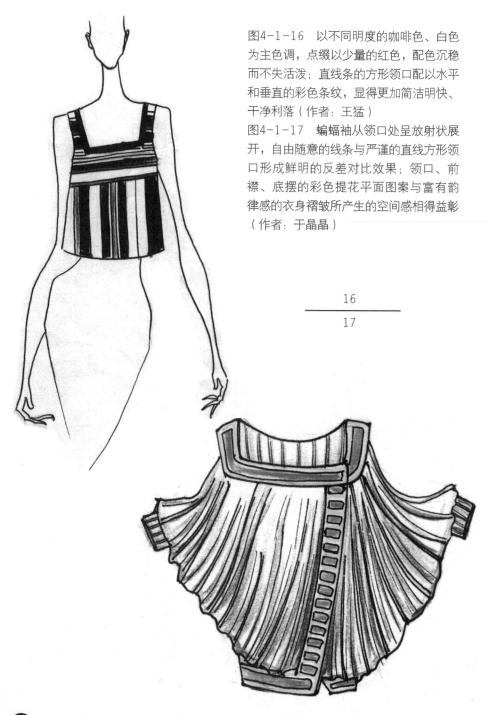

图4-1-16　以不同明度的咖啡色、白色为主色调，点缀以少量的红色，配色沉稳而不失活泼；直线条的方形领口配以水平和垂直的彩色条纹，显得更加简洁明快、干净利落（作者：王猛）

图4-1-17　蝙蝠袖从领口处呈放射状展开，自由随意的线条与严谨的直线方形领口形成鲜明的反差对比效果；领口、前襟、底摆的彩色提花平面图案与富有韵律感的衣身褶皱所产生的空间感相得益彰（作者：于晶晶）

16

17

（六）其它领线

针织装领线设计除了常见的一字领、圆领、V领、U领、方领以外，在此基础上，还可以衍变出各种各样、不同形状的领线造型。

1.不对称领线

在生活中人们所穿的衣服大多是对称的，给人以平衡的感觉，而不对称的设计常常给人以另类、新奇的印象。针织装的领线设计采用不对称的线条，既可以给人新颖的感觉，又不会破坏整体的均衡。

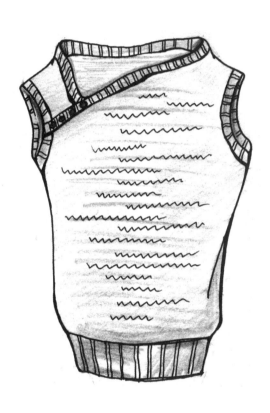 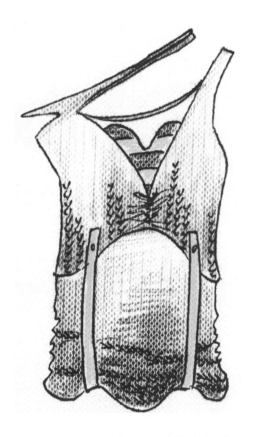

图4-1-18：灵感来源于传统的中式偏襟服装，将偏襟结构运用在领口设计中，为传统的针织背心增加了新意。（作者：高玉菲）

图4-1-19：不对称领口采用流线造型，将运动、休闲、时尚、个性化的元素进行有机结合，款式及色彩搭配富有视觉冲击力。（作者：郑添一）

2.单肩领线

单肩领也称之为斜肩领，在造型上具有典型的不对称和不平衡的感觉，在设计时需注意其它细节和元素的运用，以使之产生视错觉的均衡效果。

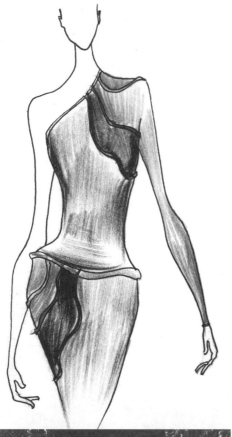

20 | 21
22

图4-1-20 斜肩领设计，上衣右侧的色彩拼接细节与裙子左侧的色彩拼接细节相呼应，并有效缓和了平衡失调的问题（作者：王猛）

图4-1-21 领口左侧采用单肩吊带设计，衣身右侧底摆富有层次感的设计使左右产生平衡的视错觉；整体色彩搭配鲜艳、明快，适合海滨度假等休闲场合穿着（作者：于晶晶）

图4-1-22 V领与U领的复合领，丰富了领线的变化

3.复合领线

复合领线是将两种或两种以上的领线相结合进行设计。同传统的单一领线造型相比较，复合领线更富有新意和时代感，是针织装领线设计的一大突破。

图4-1-23 流线造型的
复合领更具运动感（M
vs. M品牌）

图4-1-24 将圆领和V领相
结合，并在领口处点缀以富
有民俗色彩的图案装饰，将
传统与时尚进行有机结合；
整体色彩搭配丰富而和谐
（作者：赵明明）

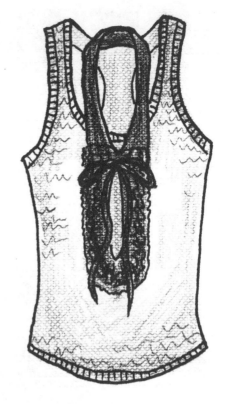

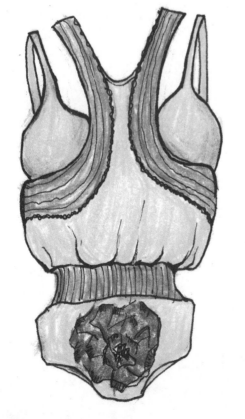

25	26
27	

图4-1-25　圆领与U领的复合设计，衣身为双层结构，肩部吊带是里外两层共有的部分，产生叠穿的视错觉；叠穿是时下流行的搭配方式，特点是外短里长，打破了传统的穿着观念（作者：于晶晶）

图4-1-26　将梭织服装的衬衣领与传统样式的U领背心相结合，正式与休闲的融合、时尚与传统的融合使该款背心的领口设计成为视觉的焦点（作者：欧阳魅）

图4-1-27　细吊带与宽吊带进行对比组合，连体装设计，并在下部点缀以大朵牡丹花图案，设计手法大胆、新颖，富有创意（作者：王巍）

 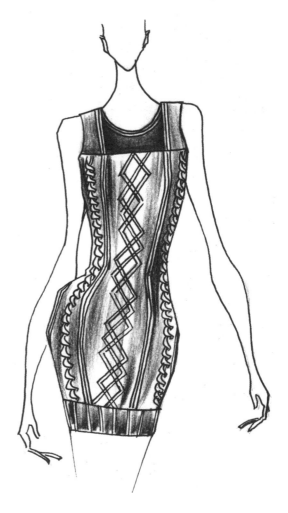

图4-1-28 领口是设计重点，在大U领口基础上，将H型进行变形处理与之相衔接，很有新意（作者：何思）

图4-1-29 圆领与方领相组合，在领口处产生一种叠穿的视错觉，富有设计的趣味性（作者：王猛）

二、领型

针织装领型式样繁多，充满变化。同梭织服装相比，由于针织装弹性和拉伸性较好，因此领型的结构相对简单。根据领型式样的不同，主要可分为立领、翻领、西服领（驳领）、披肩领、风帽领等。

（一）立领

针织装立领的形状变化可根据领口线横开的宽度、领口线的深度和立领的高度几个因素来进行设计。

图4-1-30　立领套头衫，在领部以提花和绞花为设计重点

图4-1-31　在立领部位系带作为装饰

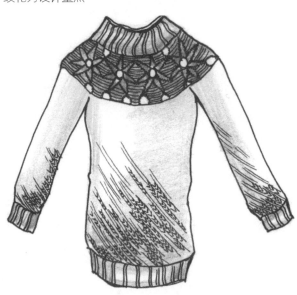

图4-1-32　该款针织衫以传统针织衫为原型进行延伸设计，在立领下面加入了提花组织图案进行装饰，以领部作为重要的设计点（作者：高玉菲）

图4-1-33　比较常见的立领样式，立领、袖口、前襟、底摆均采用窄罗纹组织，整体效果很统一；腰带主要作为装饰的目的，也具有一定的实用意义（作者：高玉菲）

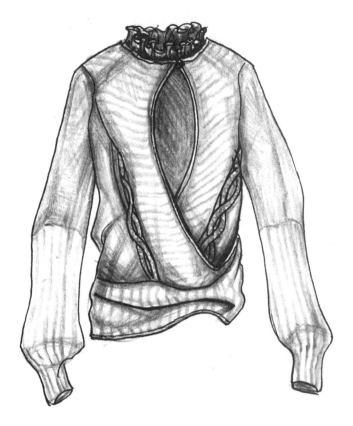

图4-1-34 通过组织的变化形成"木耳边"的立领造型，立领的内敛和前胸开口的外露相结合，整体设计简洁大气并富有细节变化，在设计手法的运用上收放自如（作者：王秀媛）

图4-1-35 双层立领结构，在领口处对折处理进行缝合，连接着外套和内层衣服，领子和衣身的双层设计使该款毛衫显得更加温暖（作者：钟韵）

图4-1-36 针织套头衫采用传统的立领造型，并融入了现代人的审美观，领口设计宽松大气，衣身采用菱形提花图案，色彩搭配既富有视觉冲击力，又协调统一（作者：张波）

34	
35	36

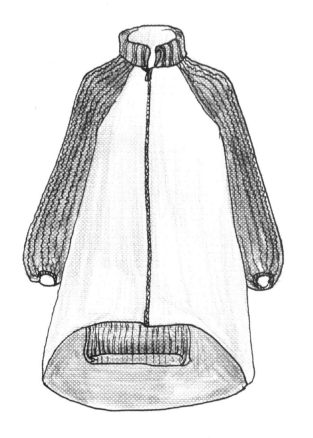

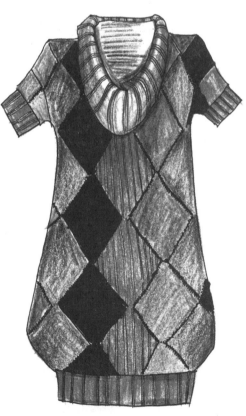

（二）翻领

针织装翻领的形状变化主要可通过领面的宽窄、领尖的角度大小等因素来进行款式变化。

图4-1-37　小翻领开襟针织衫，充分发挥针织组织纹理变化丰富的特点，精致而优雅

图4-1-38　领口的设计很有特点，把围巾的元素融入到翻领的设计中，翻领造型自由随意，于漫不经心中流露出浪漫气质（作者：于晶晶）

图4-1-39　短款披肩式小外套，采用方形翻领，在组织上进行罗纹和挑花的变化；直线条的领型简洁大气，前襟弧线形的处理缓和了直线条的僵硬感，使该款针织装显得更加俏皮可爱（作者：欧阳魅）

37	
38	39

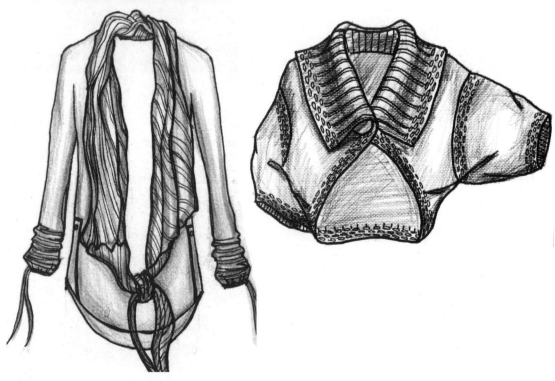

（三）西服领（驳领）

驳领是西式梭织服装的传统领型，主要可分为八字领、青果领、戗驳领三大类，多用于西服、外套的领型设计。时至今日，驳领仍然经久不衰，是现代职业装设计的经典领型。由于追求合体伏贴的穿着效果，结构和工艺比较复杂。

针织装驳领的设计主要为八字领和青果领，可根据领口的深度、领面的宽窄等因素来进行款式变化。

1.八字领

图4-1-40　从西服结构借鉴而来的八字领针织开衫（memo's品牌）

图4-1-41　八字领针织开衫融合了商务与休闲的特点，端庄优雅而不失舒适感（DOLCE&GABBANA品牌）

图4-1-42　小八字领设计，在八字领的一角进行色彩变化和装饰，并与腰节线的色彩相呼应，整体感觉精致可爱（作者：刘琦）

图4-1-43　低领口八字领设计，采用不对称处理和补色对比，运用前襟线的走向和细节缓和了失衡的感觉，并增加了该款针织装的戏剧舞台效果（作者：于晶晶）

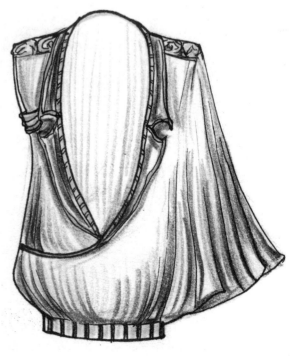

2.青果领

图4-1-44　青果领针织外套

图4-1-45　将青果领造型运用在连衣裙式样中，搭配时尚元素——窄条系结针织围巾，使该款针织装更富有时代感（作者：钟韵）

图4-1-46　青果领造型，针织装的边缘部位均采用宽罗纹组织，衣身的提花图案和蝴蝶结系带为比较传统的针织装造型增加了变化的元素（作者：郑添一）

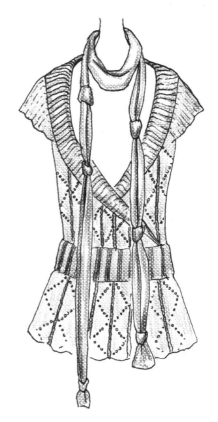

44	45
46	

（四）披肩领

披肩领是在立领、翻领等领型的基础上进行变化设计，将披肩的元素和领子的结构相结合，可形成一种别具一格的领子造型。

图4-1-47　披肩领采用二方连续提花图案，并与底摆的图案遥相呼应，衣身为深灰色调，更加突出领子和图案的设计点（作者：张娴）

图4-1-48　柔软宽大的领子在肩部自然堆褶，兼具领子与小披肩的双重特点，自由随意；在袖口的处理上采用双层罗纹组织，也很有特点（作者：欧阳魅）

（五）风帽领

风帽领是休闲装中一种常见的样式，将帽子与领子的结构相融合，多用于春秋及冬季服装中，有防风、保暖的功效。由于针织衫本身就常常暗示着休闲、温暖等多重含意，因此风帽领在针织衫的运用中就更加普及。

图4-1-49 风帽领针织开衫（SONIA
RYKIEL品牌）

图4-1-50 帽子与衣身的组织图案相呼
应，很有设计感

图4-1-52 风帽的设计与衣身的连接是
可以拆卸的，方便实用，整体色彩搭配
和谐统一（作者：郑添一）

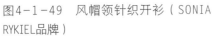

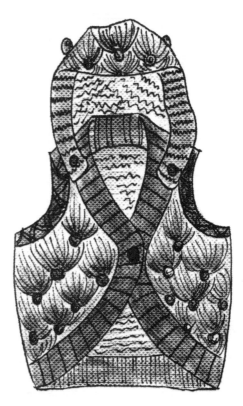

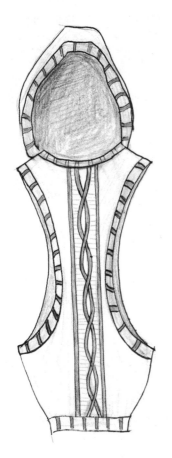

图4-1-51 比较常见的风帽领造型，传达了运动、休闲的双重感觉；该款针织背心在袖口部位设计也很有特点，运用夸张手法加深袖窿，传统与创新相融合（作者：张鑫齐）

图4-1-54 风帽领的设计很有特点，融入了口罩、围巾多种元素，创意、实用、审美结合得比较好（作者：王秀媛）

图4-1-53 大风帽领造型、前身为超短款上衣及长袖设计，后身延展成裙子造型，追求一种另类极致的对比效果，新颖别致（作者：王猛）

（六）其它领型

针织装领型设计除了常见的立领、翻领、西服领（驳领）、披肩领、风帽领以外，在此基础上，还可以衍变出各种各样、不同形状的领子造型。

1.夸张领型

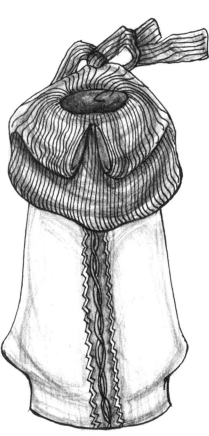

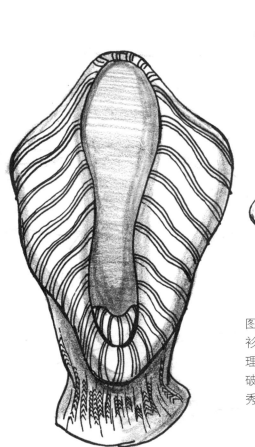

图4-1-56　夸张领子的空间体积，渲染毛衫厚重温暖的质感，领子前部进行开口处理，既丰富了细节变化，也比较透气，打破了沉闷的感觉，富有表现力（作者：王秀媛）

图4-1-55　将立领与翻领的感觉相融合，并运用夸张手法进行变化设计，加大领口深度，宽大堆褶的领子采用罗纹组织，是视线的焦点，整体风格简洁大气（作者：高玉菲）

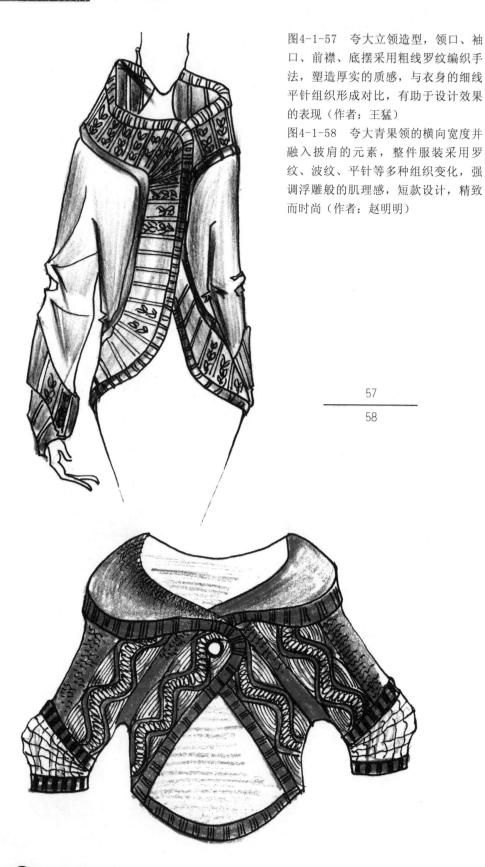

图4-1-57　夸大立领造型，领口、袖口、前襟、底摆采用粗线罗纹编织手法，塑造厚实的质感，与衣身的细线平针组织形成对比，有助于设计效果的表现（作者：王猛）

图4-1-58　夸大青果领的横向宽度并融入披肩的元素，整件服装采用罗纹、波纹、平针等多种组织变化，强调浮雕般的肌理感，短款设计，精致而时尚（作者：赵明明）

57

58

2.西服领（驳领）的变化设计

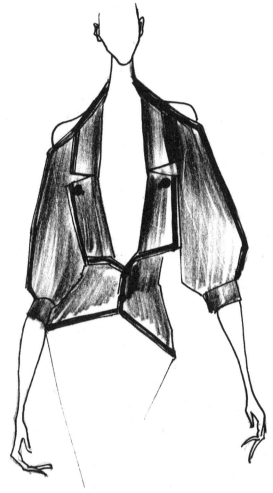

图4-1-59　长款针织马甲，灵感来源于男装燕尾服的造型，将青果领进行变化设计，前身采用斜襟处理，中西结合（作者：王猛）

图4-1-60　开襟外套，将八字领进行变化设计，装饰以蓝色间条及钉扣，采用蓝、绿类似色配色方法，色彩搭配和谐统一，设计富有个性化特点（作者：王猛）

3.复合领型

图4-1-61　衣身上部叠穿双层设计，给人以穿着小披肩的错觉，V领与翻领相搭配，灰色衣领自然翻折，不对称的领子显得轻松、自由、随意，采用灰色、粉色两种色彩，并相互呼应（作者：苏君）

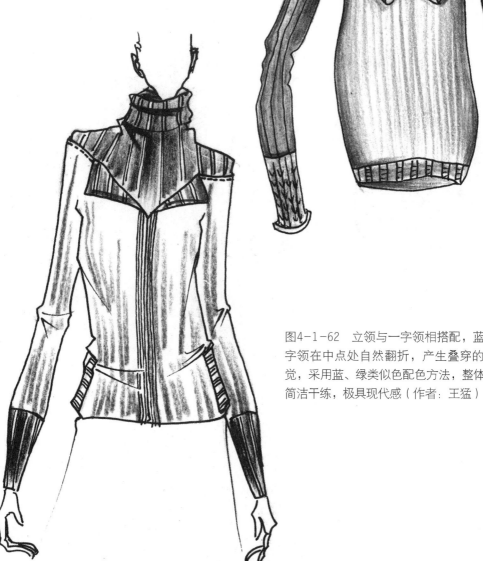

图4-1-62　立领与一字领相搭配，蓝色一字领在中点处自然翻折，产生叠穿的视错觉，采用蓝、绿类似色配色方法，整体线条简洁干练，极具现代感（作者：王猛）

第二节 针织服装肩、袖设计

　　服装袖子的造型千变万化，样式繁多。袖型的种类根据结构来划分，主要可以分为装袖、插肩袖和连身袖，在此基础上还可衍生出千变万化的样式。只要掌握了袖子的造型原理，便可举一反三，进行多种款式的设计和创新。

一、装袖

　　装袖是根据人体肩、臂的结构为基础进行造型，包括袖窿与袖子两个部分。梭织服装的装袖主要可分为一片袖、两片袖、三片袖和多片袖。一片袖多用于比较宽松的袖子造型，如衬衫；两片袖和三片袖多用于比较合体的袖子造型，如西服上衣；而多片袖常常出于装饰的考虑进行造型，如面料肌理的对比、色彩图案的搭配以及款式细节的变化等因素进行袖片的分割与拼接。

　　针织服装由于具有较好的弹性，不管是合体的造型还是宽松的样式均能达到活动方便性的要求。因此，装袖多采用一片袖的结构，而两片袖以上的结构多是出于款式设计的考虑，并非受结构合体性的限制。

　　针织服装肩袖设计的构成要素主要包括袖窿的形状、袖山的高低、袖口的宽窄以及袖形的长短和肥瘦变化、袖身的装饰等，可以以某种要素为主进行变化或几种要素相结合进行综合设计。

图4-2-1　装袖袖山部位的装饰是设计重点，并与衣身口袋的装饰相呼应

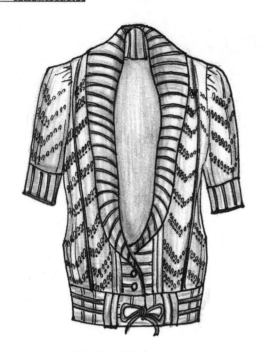

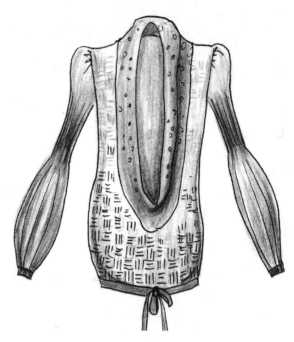

图4-2-2 装袖的设计结合流行时尚，在肩部进行碎褶处理，中袖长度，袖身的挑花组织和袖口的罗纹组织均与衣身相呼应，整体设计在统一中寻求变化（作者：于晶晶）

图4-2-3 结合蓬蓬袖的流行元素，通过碎褶、平针和罗纹组织的变化，塑造 "灯笼" 般的袖子造型，整体设计大气而时尚，只是底摆系带的颜色与衣身的颜色搭配显得有点突然（作者：张鑫齐）

图4-2-4 袖子采用挑花组织，轻盈透气并与衣身相呼应，袖口部位自然卷边，小袖的设计更多的是起到装饰的作用，适合夏季的穿着需要，整体设计甜美可爱（作者：罗琼）

图4-2-5 装袖采用中袖长度，加宽袖口的罗纹长度，使之更具有设计感，袖子的组织变化与衣身相呼应，领口的罗纹边设计很有特点，于传统中挖掘设计内涵（作者：高玉菲）

图4-2-6 装袖的款式变化多种多样，有较大的设计空间。该款在袖子里面缝有细带，可以拉出来系扣，细带既有功能性又有装饰性，使袖子可以进行长短的变化调节；短袖自然产生的褶皱效果，营造了潇洒、帅气的氛围（作者：罗琼）

二、插肩袖

插肩袖是指衣身的肩部与袖子连成一个整体的一种袖型。针织装中插肩袖的样式是受梭织服装的启发而来。插肩袖最早来源于男装巴尔玛外套和风衣外套。巴尔玛外套打破了传统服装均为装袖的结构特点，原为一种雨衣款式的遗留，由于这种结构更适合防水，因此大多数防风雨的外套都采用插肩袖的结构设计。插肩袖很少用于正装，多用于风衣、大衣外套等商务休闲款式的设计。

针织装插肩袖设计的构成要素主要包括袖窿线的位置和形状、袖子的长短和袖形的肥瘦变化、袖口的装饰以及组织变化等。

图4-2-7　通过插肩袖的结构进行色彩的搭配变化

图4-2-8　在衣身和插肩袖的接缝处用挑花组织做点缀，为服装增添了细节变化（作者：高玉菲）

图4-2-9　比较宽松的插肩袖式样，在袖口、衣摆处运用提花组织图案进行装饰，自由随意，具有田园般的风格（作者：罗琼）

图4-2-10　领口的花边装饰和灯笼造型的插肩袖使该款针织装时尚感很强，具有典型的女性气息（作者：赵明明）

7	8
9	10

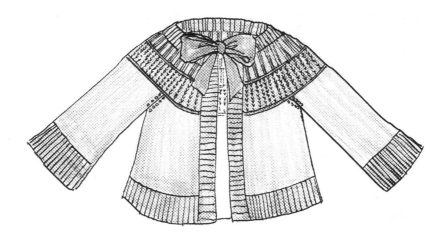

图4-2-11　插肩袖部位采用挑花组织，领口部位不同组织的变化形成丰富的肌理效果，整体设计以灰色为主调，点缀以粉色蝴蝶结，使该款小外套显得更加精致、甜美可爱（作者：钟韵）

三、连身袖

连身袖历史悠久，中国历朝历代的传统服装多采用连身袖的样式，由于运用直线式裁剪方法，连身袖穿起来不仅宽松舒适、不束缚手臂活动的自由，而且给人以飘逸、洒脱、大气、优雅的特点，具有典型的东方气质。

针织装连身袖设计的构成要素主要包括袖子的外形、袖子的长短和肥瘦变化、袖身的组织变化及装饰等。

图4-2-12　超短小外套，短到只剩下连身袖的结构，后背装饰以粉色大蝴蝶结，追求极致的对比效果，有助于烘托青春、时尚、个性的氛围（作者：钟韵）

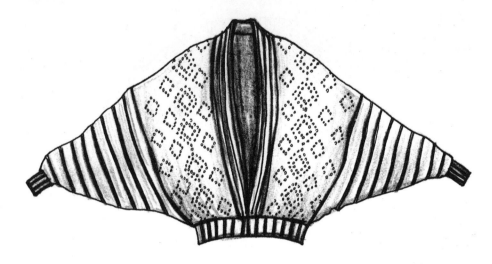

图4-2-13　在连身袖中，蝙蝠衫样式由于袖子造型新颖别致，一度流行热卖；该款采用典型的蝙蝠衫造型，并运用组织变化增添细节，使之更具有设计感（作者：于晶晶）

图4-2-14　打破传统针织衫中连身袖的局限，通过蓝、灰色彩分割连身袖的结构，底摆的橙色腰带主要起到装饰的目的，是点睛之笔，整体感觉清新明快，色彩构成效果较好（作者：苏君）

图4-2-15　连身袖披肩式样，充分运用组织变化和色彩搭配来增强视觉效果，整体感觉成熟大气，富有设计感（作者：于晶晶）

	13	
14		15

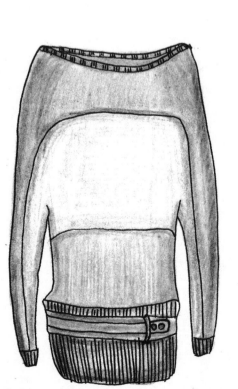

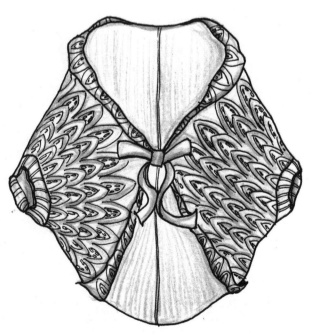

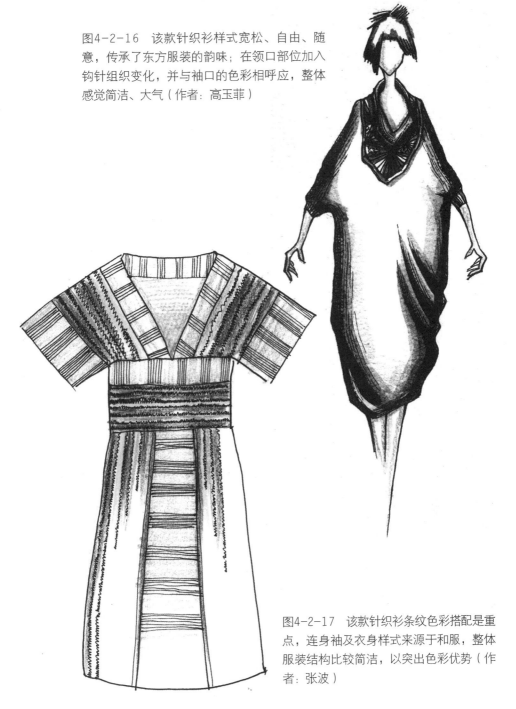

图4-2-16 该款针织衫样式宽松、自由、随意，传承了东方服装的韵味；在领口部位加入钩针组织变化，并与袖口的色彩相呼应，整体感觉简洁、大气（作者：高玉菲）

图4-2-17 该款针织衫条纹色彩搭配是重点，连身袖及衣身样式来源于和服，整体服装结构比较简洁，以突出色彩优势（作者：张波）

四、其它肩袖设计

针织装肩袖设计除了常见的装袖、插肩袖和连身袖以外，在此基础上还可以融入新的变化因素，创新袖子的造型设计，使之更具有时代感和设计感。

1.不对称肩袖设计

2.复合肩袖设计

图4-2-18　该款针织衫左侧采用装袖结构，右侧采用连身袖结构，并在连身袖肩部镂空部位旁缝以珠子、亮片装饰，袖口和衣身底摆均采用挑花组织，不对称的设计使肩袖部位成为重要的设计点（作者：王勇）

图4-2-19　大披肩的左侧为连身袖样式，右侧为落肩装袖结构，袖口虽然都采用罗纹组织，然而宽松与细瘦的空间对比效果和不对称的样式使该款披肩更具有现代感和设计感（作者：王勇）

图4-2-20　该款针织衫的肩袖部位采用插肩袖与装袖相结合的设计手法，产生叠穿的视错觉，追求设计的趣味性（作者：王勇）

图4-2-21　在肩袖部位通过色彩搭配追求层次感的变化，短和长的装袖组合使该款针织衫显得时尚并富有个性化因素（作者：王勇）

18	19
20	21

第三节 针织服装口袋设计

在服装设计中，口袋作为服装构成的重要部件，不仅具有实用功能而且起到装饰的效果。时至今日，口袋的设计已经远远超越装放小件物品以及护手、保暖的实用价值。口袋的样式多种多样，甚至以口袋作为主要亮点的设计也成为流行的重要元素而风行一时。

针织服装上口袋的种类根据工艺结构来划分，主要可以分为贴袋、插袋和挖袋，并在此基础上进行变化。

一、贴袋

贴袋是一种基础袋形，是将口袋的形状直接缝合在服装的表面。虽然贴袋的工艺制作比较简单，却富于变化和创新的设计空间。常见的传统贴袋造型是中规中矩的方形，给人以大方得体的感觉。可对口袋的外形和空间的立体感进行变化，或俏皮或帅气，这是贴袋的一大设计优势。

贴袋的设计需着重考虑局部与整体之间的协调关系，应符合服装的整体风格。贴袋的设计要点可进行外形的变化、色彩的搭配、组织图案、刺绣等细节的装饰。

图4-3-1 运用平针组织的特点，在贴袋的袋口处进行自然卷边处理来丰富设计的变化（ATSURO TOYAMA品牌）

图4-3-2 这种梯形贴袋在针织装中的运用比较普遍，具有典型的休闲特色

图4-3-3 将传统的梯形贴袋进行形的变化设计，并在色彩上与衣身相区别，色彩搭配相互呼应，整体效果比较协调（作者：赵明明）

图4-3-4 贴袋采用正针和绞花的组织进行变化，与衣身的反针形成肌理对比效果（作者：高玉菲）

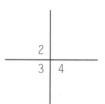

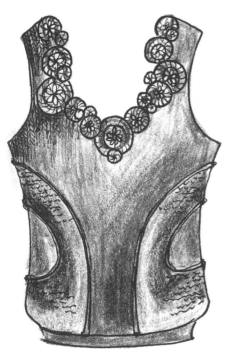

图4-3-5 深灰色的贴袋采用流线造型，很有设计感，并与领口的色彩相呼应；贴袋的反针与衣身的正针及领口的勾针形成肌理对比效果（作者：赵明明）

图4-3-6 蓝色T恤前身的贴袋灵感来源于跨栏背心的外形，并采用对比色彩来突出设计点，富有设计的趣味性（作者：罗琼）

图4-3-7 贴袋外形的设计灵感来源于17世纪西洋贵妇们所用的手笼，口袋的设计兼具保暖与装饰的双重功效（作者：王秀媛）

图4-3-8　采用类似色配色，贴袋的对比色彩搭配与服装的整体色彩相互协调（作者：王勇）

图4-3-9　在袖身部位进行贴袋的设计，打破了传统口袋位置设计上的惯性，袋口的彩色条纹与领口相呼应，整体效果统一中有变化（作者：王勇）

图4-3-10　贴袋外形的设计灵感来源于儿童的系绳手套，在形的设计上如果能更突出手套的外形特点，将更富有新意和趣味性（作者：苏君）

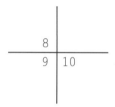

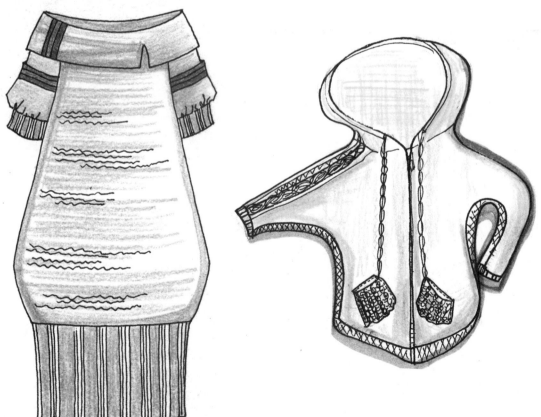

二、插袋

插袋是在服装接缝处缝合时预先留出一段距离不缝合，以将口袋的开口处缝合在服装的里面，由于口袋隐藏在分割线内，所以既保证了口袋的功能性又不会破坏服装的整体感。

同贴袋相比，针织装插袋的设计发挥空间比较小，更倾向于简洁、内敛、含蓄。

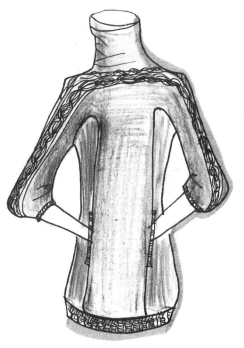

图4-3-11 衣身采用蓝色和灰色相拼接，插袋隐藏在接缝处，既具有一定的功能性，又不会破坏服装的整体效果（作者：苏君）

图4-3-12 运用黑白条纹的方向性进行插袋设计，并以红、蓝彩条进行装饰，使插袋也成为该款服装的设计点之一（作者：于晶晶）

三、挖袋

挖袋是在衣身面料上剪出袋口形状或通过收针等手法预留出袋口，里面缝合以口袋里料。挖袋的结构和工艺相对复杂。在款式设计时，挖袋既可单独使用也可搭配袋盖等装饰以增强设计感。由于针织装线圈具有易脱落性，因此同其它口袋相比，挖袋在针织装中被运用得较少。

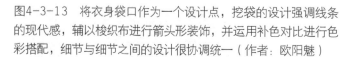

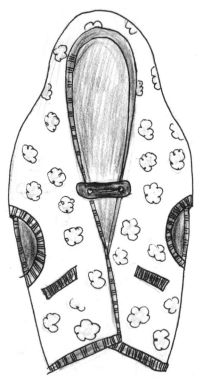

图4-3-13　将衣身袋口作为一个设计点，挖袋的设计强调线条的现代感，辅以梭织布进行箭头形装饰，并运用补色对比进行色彩搭配，细节与细节之间的设计很协调统一（作者：欧阳魅）

图4-3-14　挖袋袋口的罗纹与袖口、底摆等边缘部位相呼应，衣身采用提花组织图案，前襟可用扣袢进行固定，整体设计点、线、面构成完整统一（作者：张鑫齐）

本章思考练习题

1．分别进行针织装一字领、圆领、V领、U领、方领、不对称领线、单肩领线、复合领线的设计，每种领线设计两款。

2．分别进行针织装装袖、插肩袖、连身袖、不对称肩袖及复合肩袖设计，每种肩袖设计两款。

3．分别进行针织装贴袋、挖袋和插袋设计，每种口袋设计两款。

Chapter 5

第五章 针织服装工艺设计

【本章学习重点】

- 针织物的组织结构
- 针织毛衫编织工艺设计

第一节 原材料的选择与运用

针织服装可选择的原料种类较多，可分为天然纤维与合成纤维两大类。其中天然纤维类包括毛纤维、棉纤维、蚕丝和麻纤维等；合成纤维又可分为再生纤维和化学纤维两类，再生纤维如天丝、大豆蛋白纤维等，化学纤维中粘胶、涤纶、锦纶、腈纶及氨纶等纤维在服用针织品中应用较多。

一、针织绒线的分类与选择

针织绒线，即俗称的"毛线""绒线"，其手感柔软、蓬松，富有弹性，颜色多样，粗细不同。它既可用作手工编织原料，又可用作机器编织原料，其产品风格各异，拆洗方便。

图5-1-1　针织绒线手感柔软、膨松，富有弹性，既可用作手工编织原料，又可用作机器编织原料

（一）针织绒线的分类与特点

编织线的品种丰富，分类方法很多。

1.按用途分

1）编织绒线

编织绒线俗称手编线或毛线，是指纱线股数在两股或以上，单纱线密度在167tex以上的绒线。其中400tex以上称粗绒线，400～167tex称细绒线。

2）针织绒线

单纱线密度在167tex以下的单股或两股绒线。其条干均匀度好，弹性大，适宜用于针织机编织各类服装。

2.按绒线的品质分

1）高级粗绒线

以优良的二级及以上的羊毛制得的纯毛或混纺绒线。其手感柔软、蓬松、纱条圆顺、有弹性，适宜编织较厚实的高档毛衫。

2）中级粗绒线

以二至四级的羊毛制得的纯毛或混纺绒线。其品质稍差于高级粗绒线。适宜编织普通毛衫，用途较广。

3.按绒线的原料分

1）全毛绒线

以100%羊毛制成的绒线。其手感柔软舒适、颜色多样，但色泽较暗，适宜编织寒冷季节的保暖服装。

2）腈纶绒线

以100%腈纶纤维制成的普通绒线或膨体绒线。其色泽鲜艳、手感蓬松、质量轻软，是很好的装饰品编织材料，如手套、帽子等。

3）混纺绒线

采用羊毛与化纤或不同化纤间按一定比例混合制成的绒线。具有混纺各纤维的性能，价格适中，是理想的大众消费产品。其种类很多，有毛/腈混纺、毛/粘混纺、兔/腈混纺、腈/涤混纺等。

（二）针织绒线的品号与色号

1.针织绒线的品号

毛线品号通常由四位数字组成。从左向右四位数字所代表的含义是：

第一位数字表示产品的纺纱系统和类别：

0—精纺绒线（通常省略）

1—粗纺绒线

2—精纺针织绒线（通常省略）

3—粗纺针织绒线

4—试验品

第二位数字表示产品原料种类：

0—山羊绒或山羊绒与其它纤维混纺

1—国产纯毛（包括大部分国产羊毛），也称异质毛

2—进口纯毛（包括进口羊毛和部分国产毛），也称同质毛

3—进口纯毛与黏胶纤维混纺

4—进口纯毛与异质毛混纺

5—国产纯毛与黏胶胶纤维混纺

6—进口纯毛与合成纤维混纺

7—国产纯毛与合成纤维混纺

8—纯腈纶及其混纺

9—其它

第三、四位数字表示产品的单股毛纱支数。但是，现在我们经常看到的毛线标号，一般都将第一位数字省略了，只用后三位数字表示毛线的品号。下面举两个例子：

[例1]毛线标号为273

表示：进口纯毛（2），单纱名义支数为7.3（73）

[例2]毛线标号为368

表示：进口纯毛与粘胶纤维混纺（3），单纱名义支数为6.8（68）

2.针织绒线的色号

毛线的色号也是由四位数字组成。第一位数字代表产品原料类别；第二位数字代表色谱类别；第三、四位数字代表颜色的深浅，数字越大颜色越深。其中色谱的类别分为7种：

0—代表白色谱

1—代表黄色谱

2—代表红色谱

3—代表蓝色谱

4—代表绿色谱

5—代表棕色谱

6—代表灰黑色谱

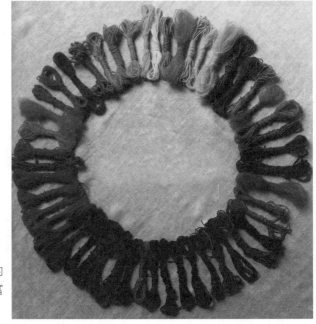

图5-1-2　由于染色技术的发展，纱线的色彩更加丰富多样，以满足设计的需求

二、机号的选择

根据织物组织结构及纱线的线密度，合理地选择编织机器的机号，可以使服装外观纹路清晰、手感柔软、质地丰满、弹性好、尺寸稳定性好，对提高针织服装的品质及服用性能具有重要作用。对某一种机号的编织机器来说，可选用的纱线不是单一的，是有一定范围的。

机号是指针床上规定长度内所具有的织针数目。在横机上，规定的长度为1英寸(25.4mm)。针床长度是指针板上所能够提供针槽以放置织针的距离。例如，如果机号为12针，有效长度为44英寸，那么该针板允许最多织针的编织数目是528枚针，若算出的工艺超出了这个针数，则该针板就无法编织，所以在计算工艺之前，特别是在计算涉及大尺码的工艺时，应该注意。

一定机号的横机只适宜于编织一定线密度范围的毛纱。根据生产经验，横机在编织纬平针织物的时候，其机号与适宜加工纱线线密度的关系可由下列公式表示：

$$T_t = \frac{K}{E^2} \text{ 或 } N_m = \frac{E^2}{K'}$$

公式中：

　　E——机号，针/25.4mm；

　　T_t——纱线线密度，tex；

　　N_m——纱线的公制支数；

　　K、K'——常数，实验得出K=7000~11000，K'=7~11为宜。在实际生产中要视纱线种类、纱线加工方式等具体生产情况来确定。

那么用上述3.2支棉纱应该用多少机号的编织机比较适合呢？

取K=9，即可算出E=5针机是比较适合编织单面的。

需要说明的是，这里提供的也仅仅是经验公式，只适于单面的织物。以单面织物为基础，根据实际情况，在编织罗纹、集圈等织物时，K或K'要作出相应的调整。如编织罗纹织物，3×3以下的织物，K'的取值应该大一些；若编织集圈织物，取值应该较小一些。

第二节 组织图案的设计

纬编针织物按组织结构分类，一般可分为基本组织（又称原组织）、变化组织和花色组织三类。基本组织是其它组织的基础，包括纬平针组织、罗纹组织和双反面组织。变化组织是由两个或两个以上的基本组织复合而成的，纬编变化组织有单面变化平针组织和双罗纹组织等。花色组织是在基本组织或变化组织的基础上，利用线圈结构变化或编入辅助纱线，形成具有显著花色效果和不同性能的织物组织，常见的纬编花色组织有提花组织、集圈组织、波纹组织等。

在纬编横机织物中为了简明清楚地显示针织物的组织结构，常常采用意匠图来表示织物的组织形态。意匠图是把针织物结构单元组合的规律，用规定的符号在小方格上表示的一种图形方法。每一方格行和列分别代表织物的一个横列和一个纵行。根据表示对象的不同，常用的有结构意匠图和花型意匠图。

结构意匠图将针织物的三种基本结构单元，即成圈、集圈、浮线（不编织），用规定符号在小方格上表示。常用符号"|"（竖线）表示正面线圈、"—"（横线）表示反面线圈、"O"表示不编织，"×"表示集圈。意匠图

中的符号不是绝对的，可根据实际情况进行设计，只要说明具体符号所表示的含义即可。

花型意匠图主要用来表示提花织物正面的花型与图案。每一方格均代表一个线圈，方格内可用不同的符号表示不同颜色的线圈，也可用不用颜色的方格代表相应颜色的线圈。

一、纬平针组织

纬平针组织又称平针组织，是单面纬编针织物的基本组织，由单元线圈向一个方向串套而成。纬平针组织在织物的两面具有不同的几何形态，正面由线圈的圈柱形成纵向小辫状外观，反面由针编弧和沉降弧形成波纹状外观。由于圈弧比圈柱对光线有较大的漫反射作用，因而纬平针织物的反面较正面暗。

纬平针织物的边缘具有显著的卷边现象，它是由于弯曲纱线弹性变形的消失而引起，卷边性不利于缝合加工。纬平针织物具有较大的脱散性。

由于纬平针组织结构简单，用纱量少，是横机毛衫产品使用最多的一种组织，主要用作衣片的大身部段。

图5-2-1 纬平针组织

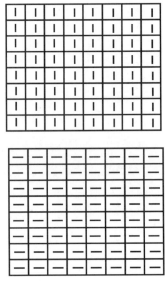

图5-2-2 纬平针组织正反面意匠图

二、罗纹组织

罗纹组织是双面纬编针织物的基本组织，它是由正面线圈纵行和反面线圈纵行以一定组织相间配置而成。罗纹组织的线圈配置很多，1×1、2×2、3×3、3×5等，具有不同的外观效果。

罗纹组织针织物具有较好的弹性和延伸性，不卷边，顺编织方向不脱散，并且织物外观厚实、挺括、平整，手感丰满。除了可以用作服装衣身之外，还大量的用作衣片的下摆、袖口、领口和门襟等。

图5-2-3　罗纹组织

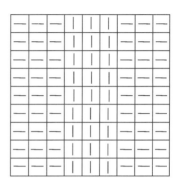

图5-2-4　3×3罗纹组织意匠图

三、移圈组织

移圈组织是按照花纹要求，将某些针上的线圈移动到与其相邻的针上，从而形成相应的花式效应，如挑花网眼、绞花等。移圈组织是横机编织中一个较有特色的组织结构。

（一）挑花（空花）组织

根据花纹要求，将某些针上的线圈移到相邻针上，使被移处形成孔眼效应。挑花（空花）织物具有空透轻薄的特点，常用于夏季服装设计中。

图5-2-5　挑花组织

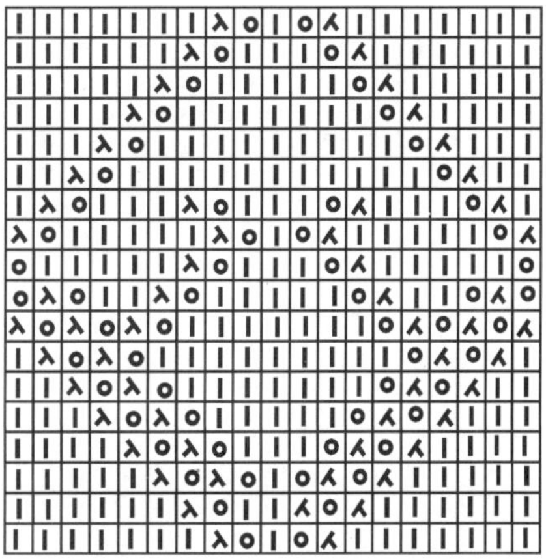

图5-2-6　挑花组织意匠图

（二）绞花组织

绞花组织是将两组相邻纵行的线圈相互交换位置所形成的花纹效应，俗称拧麻花，绞花组织可在织物表面形成显著的肌理效果。根据相互移位的线圈纵行不同，可编织2×2、3×3等多种绞花效果。

图5-2-7 绞花组织

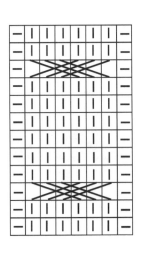

图5-2-8 3×3绞花组织意匠图

四、波纹组织

波纹组织又称扳花组织，也是在横机上所编织的一种典型的组织结构。它是通过前、后针床之间位置的相对移动，使线圈倾斜，在双面地组织上形成波纹状的外观效应。

图5-2-9 波纹组织

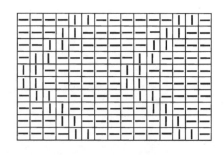

图5-2-10 波纹组织意匠图

五、提花组织

提花组织是将不同颜色的纱线垫放在按花纹要求所选择的某些针上进行编织成圈而形成的一种组织，提花组织所形成的花型具有逼真、别致、美观大方、织物纹路清晰等特点。提花组织可分为单面提花组织和双面提花组织两类；按纱线的颜色数又可分为两色提花、三色提花、四色提花等。

单面提花组织：由两根或两根以上的不同颜色的纱线相间排列形成一个横列的组织。

双面提花组织：双面提花组织的花纹可在织物的一面形成也可同时在织物的两面形成。一般采用织物的正面提花，不提花的一面作为织物的反面。提花组织的反面花纹一般为直条纹、横条纹、小芝麻点以及大芝麻点等。

图5-2-11　三色提花组织花色意匠图

图5-2-12　单面双色提花组织

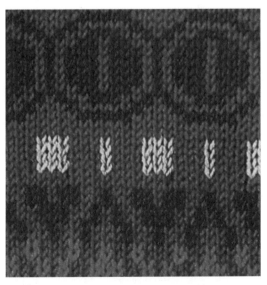

图5-2-13　多色提花组织

六、集圈组织

在针织物的某些线圈上除套有一个封闭的旧线圈外，还有一个或几个未封闭的悬弧，这种组织称为集圈组织。

使用集圈的不同排列和使用不同色彩的毛纱，可使织物表面具有图案、闪色、孔眼、凹凸等花色效应。

图5-2-14　集圈组织

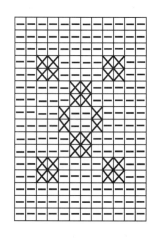

图5-2-15　集圈组织意匠图

第三节 织物的密度与回缩

一、织物的密度

针织物的稀密程度可以用密度来表示。在成型类针织服装生产中，通常以10cm内的线圈纵行数为横密，记作PA；10cm内的线圈横列数为纵密，记作PB。

针织物的密度又可分为成品密度和下机密度，其中以成品密度最为重要。成品密度是成型针织服装经过后整理，线圈达到稳定状态时的密度，又称净密度。它是成型针织服装工艺设计的基础之一，同时还影响织物的外观、手感、弹性、尺寸稳定性、保暖性、织物风格和服用性能等。

二、织物的回缩

与机织物相比，针织物的初始模量低，延伸性好，在外力作用下容易伸长，密度对比系数易改变，因而处于不稳定状态。由于衣片在横机的编织过程中，常常纵向受到较大的反复拉伸作用，纤维和纱线产生塑性形变，而且形变随着反复拉伸作用的逐渐积累，导致织物纵向伸长，而横向变窄，线圈发生转移，圈柱延长，圈弧曲率半径缩小，纱线及纤维产生弯曲，套接点间接触得更加紧密，织物结构远离其稳定状态，因而衣片下机后需要进行回缩处理，以逐渐消除内应力，促使织物达到或接近其稳定状态，以便对衣片规格的检测和降低针织物在使用中的收缩。

衣片回缩处理可利用湿、热以及反复的机械作用，促使纤维和纱线的塑性形变消失。回缩的处理主要有以下几种方法：

（一）蒸缩

通过汽蒸方法，使下机衣片回缩。蒸缩可分为湿蒸和干蒸，前者是将衣片放入温度为100℃左右的蒸箱内，蒸5~10min，此法适用于毛织物；后者是将衣片放在温度为70℃左右，不含水蒸气的钢板上烤5min左右，此法适用于腈纶产品。

（二）揉缩

将下机的产品团在一起，加以揉、捏，使织物迅速回缩。此法适宜粗纺毛纱的纬平针织物及其它单面织物。

（三）掼缩

将下机的织物横向对折，再折成方形，在平台上进行掼击，使其回缩。此法适宜于各种原料的双面织物。

（四）卷缩

将下机的产品横向卷起，然后轻轻向两端稍拉，使线圈处于平衡状态。此法适用于粗针、细针形的纬平针组织。

第四节 产品用料计算

针织产品的用料计算应以编织操作工艺单和产品中各类线圈的单位线圈重量为依据，具体的计算顺序如下：

一、计算单件产品中各类组织的总线圈数

总线圈数的求法：根据产品编织工艺单，用矩形和梯形面料的计算方法，求出各部位、各类组织的线圈数。同类组织总线圈数由各衣片该类组织的线圈数相加而得到。

二、测定单位线圈重量

成型针织服装的单位线圈重量一般通过织小样，经测定而求得。编织小样应选择服装成品所用纱线，按照正常生产的条件，织若干块100针×100转的坯

布，然后测定公定回潮率时的重量，取其算术平均值，密度有差异的要折合成标准线密度的公定回潮率时的重量，即可计算得到单位线圈的重量。对于下摆罗纹、袖口罗纹和附件等部段的单位线圈重量，也可采用上述方法测定。

三、计算单件产品原料耗用量

根据所计算的各类组织的线圈数及测定的单位线圈重量，即可求得单件产品的重量。计算公式如下：

$$G = \sum_{i=1}^{m} n_i p_i + y$$

式中：　　　G——单件产品重量，g/件；

　　　　　　n_i——产品上第i类组织的针转数

　　　　　　p_i——产品上第i类组织的单位针转重量，g；

　　　　　　y——附件重量，g；

　　　　　　i——产品计算重量时划分的部段数，i=1,2,3…m。

计算单件产品的原料耗用量时，需考虑络纱和编织时的损耗，其计算公式如下：

$$G_t = G(1 + \beta')$$

式中：　　　G_t——单件产品原料的耗用量，g/件；

　　　　　　β——络纱和编织损耗率。

络纱和编织损耗率可参考表5-4-1。

表5-4-1　络纱和编织损耗率

原　料	精梳毛纱	粗梳毛纱	粗梳单纱	混纺纱、化纤纱
损耗率（%）	1.6~2	3~4	4~5	参考毛纱

第五节　编织工艺设计

成型针织服装编织工艺的设计与计算，是成型针织服装设计过程中的重要环节，其工艺的正确与否直接影响产品的款式造型及规格尺寸，并对劳动生产率、成本均有很大的影响。因此设计时必须以产品的款式造型、规格尺寸、组织结构及密度等为依据，并结合现有设备生产能力认真科学地对待。

横机成型针织服装的工艺计算是以成品密度为基础，根据成品部位的规格尺寸，同时考虑缝制成衣过程中的缝耗，计算并确定编织的宽度（针数）和长度（转数）。设计产品的成品密度时，一般情况下，袖子的纵密比衣身纵密小2%~8%，而横密则比衣身横密大1%~5%，这样可以抵消生产过程中产生的变形。具体差异比例应根据原料、织物组织、机号及后整理条件确定。

成型针织服装的工艺计算方法不是唯一的，各地区、各企业，甚至各个设计师都有自己的计算方法和习惯，但其原理是相同的。现在就一般的设计方法进行说明介绍。

一、成品毛衫的编织工艺计算方法

（一）上衣后片

(1)底边起针（胸围针数）=(1/2胸围−1cm)×横密＋缝耗

(2)身长行数=(身长−底边罗纹)×纵密＋缝耗

(3)肩宽针数=肩宽×横密＋缝耗

(4)挂肩总行数=挂肩长×纵密

(5)挂肩收针针数=(胸围针数−肩宽针数)÷2

(6)挂肩收针方法:平收3～6针后,余针一般每2行减1针,在7～9cm的高度内,将应收针数收完。

(7)后领口针数=（后领口宽±因素）×横密

因素主要与边口方式及后领尺寸的测量方式有关，此外还要考虑缝耗的影响。

(8)单肩针数=(肩宽针数−后领口宽针数)÷2

（二）上衣前片

(1)底边起针（胸围针数）=(1/2胸围＋1cm)×横密＋缝耗

(2)身长行数，与后片"2"相同。

(3)肩宽针数，与后片"3"相同。

(4)挂肩总行数，与后片"4"相同。

(5)挂肩收针针数，与后片"5"相同。

(6)挂肩收针方法：可比照后片,但前片比后片多出1cm,收针要比后片多收几次。可在平收时收掉这1cm的针数。

（三）袖片

编织袖片时，横密和纵密与大身密度略有差别。根据经验，袖横密=大身横密×125%，袖纵密=大身纵密×95%。

(1)袖口起针=袖宽×2×袖横密＋缝耗

(2)袖长行数=(袖长−袖口罗纹长)×袖纵密＋缝耗

(3)袖根针数=袖根宽×2×袖横密＋缝耗

(4)袖身每边应加针数=(袖根针数−袖口针数)÷2

(5)袖山行数=袖山高×袖纵密＋缝耗

(6)袖身行数=袖长行数−袖山行数

(7)袖山单侧收针针数=(袖根针数−袖山宽针数)÷2

（四）领片

(1)领片针数=领圈周长×领横密＋缝耗

(2)领片行数=领高×领纵密＋缝耗

（五）其它

在做编织工艺时，有些经验及规律性的尺寸关系与简便计算方法可以借鉴：

(1)一般成人袖宽比挂肩少3～3.5cm，童装袖宽比挂肩少1.5～2cm。

(2)一般男衫的袖口宽为21～24cm，女衫的袖口宽为17～21cm。

(3)编织袖片时，若加针，宜先快后慢；若减针，则先慢后快。

(4)成人的袖山高尺寸一般为12～14cm。

(5)袖山收针行数接近于前、后片挂肩的收针行数。

(6)为编织操作简便，一般后领深可不予考虑。

(7)后领口宽一般为肩宽的1/3。

二、毛衫编织工艺举例分析

款式一：樽领六分袖女套衫

1．款式特点

樽领六分袖女套衫，衣身主体为纬平针组织，前身局部采用绞花及挑花的花样设计，领、袖口及下摆为3×3宽罗纹，款式简约时尚，充满活力。

2．花色组织意匠图

此款服装有两处花型设计，三针绞花，花型长度可根据编织情况自行设计；挑花的花型意匠图如图所示。

3．成品规格

表5-5-1 成品规格

部位	胸宽	衣长	肩宽	挂肩	袖长	领深	后领宽	下摆罗纹	袖口罗纹	袖口宽	领高
规格(cm)	45	60	36	20	32	3	10	10	8	15	20

4．确定横机机号与成品密度

根据服装款式选择适宜的纱线并确定机号，此款服装选择7针机。

成品密度：衣身横密PA=30纵行/10cm，衣身纵密PB=40横列/10cm。

5．制定编织操作工艺单

依照编织工艺计算方法，分别计算出毛衫各部段的横向针数与纵向行数，并根据款式特点合理设计收放针部位与方式，制定编织操作工艺单。

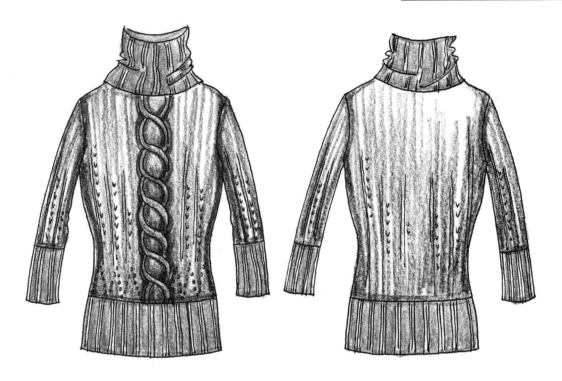

图5-5-1：樽领六分袖女套衫正反款式图。（作者：屠晨琛）

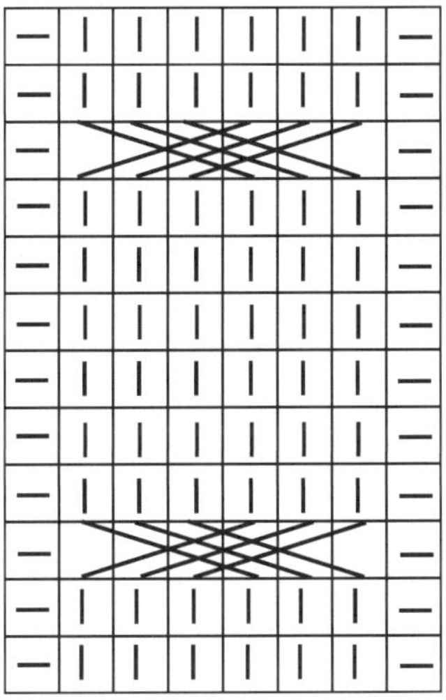

图5-5-2：绞花组织意匠图。

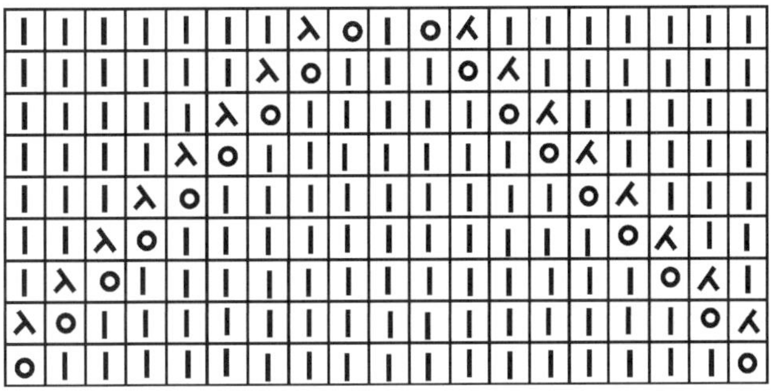

图5-5-3：挑花组织意匠图。

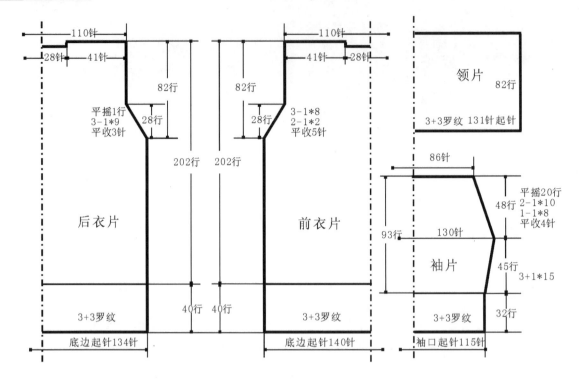

图5-5-4：樽领六分袖女套衫工艺单。

说明：3-1*9即为3行减1针，减9次；3+1*15即为3行加1针，
加15次；以此类推。

款式二：大波纹女开衫

1．款式特点

此款女开衫，衣身主体为平针组织，前身采用大波纹花样设计，领、袖口及
下摆为3×3窄罗纹，款式简洁大方。

2．花色组织意匠图

波纹组织的花型意匠图如图所示，花纹长度可根据款式特点进行设计。

3．成品规格

表5-5-1 成品规格

部位	胸宽	衣长	肩宽	挂肩	袖长	领深	后领宽	下摆罗纹	袖口罗纹	袖口宽	门襟宽
规格（cm）	45	65	36	20	54	24	10	3	3	12	3

图5-5-5：大波纹女开衫正反款式图。（作者：屠晨琛）

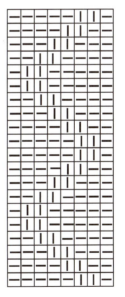

4．确定横机机号与成品密度

根据服装款式选择适宜的纱线并确定机号，此款服装选择9针机。成品密度：衣身横密PA=40纵行/10cm，衣身纵密PB=60横列/10cm；门襟横密PA=40纵行/10cm，门襟纵密PB=80横列/10cm。

5．制定编织操作工艺单

依照编织工艺计算方法，分别计算出毛衫各部段的横向针数与纵向行数，并根据款式特点合理设计收放针部位与方式，制定编织操作工艺单。

图5-5-6：波纹组织意匠图。

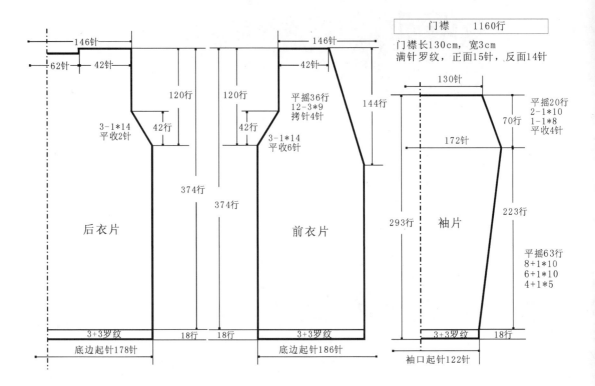

图5-5-7：大波纹女开衫工艺单。

说明：3-1*14即为3行减1针，减14次；4+1*5即为4行加1针，加5次；以此类推。

参考书目

[1]宋晓霞.针织服装设计[M].北京：中国纺织出版社，2006.

[2]沈雷.针织服装设计与工艺[M].北京：中国纺织出版社，2005.

[3]沈雷.针织内衣设计[M].北京：中国纺织出版社，2001.

[4]沈雷.针织毛衫设计[M].北京：中国纺织出版社，2001.

[5]毛莉莉等.针织服装结构与工艺[M].北京：中国纺织出版社，2006.

[6]郭凤芝.针织服装设计基础[M].北京：化学工业出版社，2008.

[7]刘晓刚.服装设计5——专项服装设计[M].上海：东华大学出版社，2008.

[8]桂继烈.针织服装设计基础[M].北京：中国纺织出版社，2005.

[9]尚笑梅,舒平,杜赟.服装设计——造型与元素[M].北京：中国纺织出版社，2008.

[10]汤献斌.时尚推动力—新奇与怪诞[M].北京：中国纺织出版社，2001.

[11]李当歧.服装学概论[M].北京：高等教育出版社，1998.

[12]龙海如.针织学[M].北京：中国纺织出版社，2004.

[13]宋广礼.成形针织产品设计与生产[M].北京：中国纺织出版社，2006.

[14]李津.针织服装设计与生产工艺[M].北京：中国纺织出版社，2005.

[15]贺庆玉.针织服装设计与生产[M].北京：中国纺织出版社，2007.

附录：系列针织服装设计实例

附录一、系列针织礼服设计

该系列为针织礼服设计，充分发挥针织的特点，进行组织的变化和肌理效果的对比，采用金色纱线来烘托礼服奢华的氛围，并在传统造型基础上进行创新，是对针织礼服设计的一次大胆尝试，采用花朵、包扣等女性化元素进行装饰及布局的变化，整体设计高贵大气而不落俗套，配饰搭配完整，效果很好。（作品主题：绽放；作者：韩颖）

附录二、系列针织服装造型设计

该系列针织服装注重外轮廓造型的变化，简洁大气，具有建筑一般的风格特点，在内结构中采用各种罗纹、波纹、绞花、挑花等组织的变化来丰富设计细节，如果各套针织服装在色彩上能够有所衔接，相互呼应并增加"点"的装饰，其效果会更好。（作品主题：依肤；作者：徐飞）

附录三、系列创意针织服装设计

该系列为创意针织服装设计，在"第五届大朗全国毛织设计大赛"上获优秀奖。作品在造型、编织手法及细节方面都富有变化，采用灰色调来统一整个系列，塑造妩媚、诡异的神秘效果，创意、个性与实用结合得很好，配饰完整，效果突出。（作品主题：安妮的秘密花园；作者：王茜）

附录四、系列针织与梭织相结合的服装设计

该系列以男装设计为主，将针织服装与梭织服装相结合，采用粗线编织，在组织上以宽罗纹和绞花为主，注重纹理效果，营造粗犷大气、个性化的风格特点，并在结构上进行突破，整体设计前卫而兼顾成衣实用性的特点。（作品主题：红旗下的蛋；作者：徐健）

附录一、系列针织礼服设计

附录二、系列针织服装造型设计

附录三、系列创意针织服装设计

附录四、系列针织与梭织相结合的服装设计

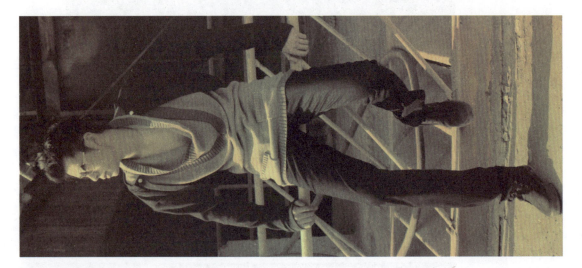